高等医学院校实验系列规划教材

生物工程技术实验指导

SHENGWU GONGCHENG JISHU SHIYAN ZHIDAO

主　编　梁　猛
副主编　王文锐
编　委　梁　猛　王文锐
　　　　席　珺　毛颖基

中国科学技术大学出版社

内 容 简 介

本书共分为四篇。第一篇为绪论,主要介绍了生物工程技术实验室的基本要求和实验报告要求。第二篇为分子生物学实验技术,主要以分子生物学技术为主线,包括琼脂糖凝胶电泳、聚合酶链式反应、DNA提取和转基因检测,介绍了分子生物学实验的基本原理、技术路线、方法和具体操作,并对实验注意事项、应用和知识拓展给予了提示。第三篇为发酵工程技术,主要介绍了酸奶制作、甜酒制作、发酵罐的结构及灭菌、谷氨酸发酵和透明质酸合成。第四篇为生物工程下游技术,属于综合性实验,包括血清 γ 球蛋白的分离、纯化及鉴定,要求学生参与实验设计和结果讨论,并做工作汇报,锻炼学生的科研思维。附录部分列出了"发酵工程"课程的习题及参考答案,可以帮助学生更好地掌握发酵工程的基础知识。

本书可作为高等院校生物类、医药类及农林类开设生物工程技术实验的各专业的教学用书,也可供有关研究人员和技术人员参考。

图书在版编目(CIP)数据

生物工程技术实验指导/梁猛主编. ——合肥:中国科学技术大学出版社,2018.2
ISBN 978-7-312-04392-5

Ⅰ. 生… Ⅱ. 梁… Ⅲ. 生物工程—实验—高等学校—教材 Ⅳ. Q81-33

中国版本图书馆 CIP 数据核字(2018)第 020401 号

出版	中国科学技术大学出版社 安徽省合肥市金寨路 96 号,230026 http://press.ustc.edu.cn https://zgkxjsdxcbs.tmall.com
印刷	安徽省瑞隆印务有限公司
发行	中国科学技术大学出版社
经销	全国新华书店
开本	710 mm×1000 mm 1/16
印张	7
字数	149 千
版次	2018 年 2 月第 1 版
印次	2018 年 2 月第 1 次印刷
定价	28.00 元

前 言

生物工程是20世纪70年代初开始兴起的一门综合性应用学科,是以生物学的理论和技术为基础,结合化工、机械、计算机等现代工程知识和技术手段,充分运用分子生物学的前沿方法,人为地进行物种的遗传物质改造,使其具有特殊性能,再过通生物反应器进行大规模的培养,以生产大量有用代谢产物或发挥特殊生理功能的一门新兴技术。生物工程技术广泛应用于医学、药物学、生物学、能源、环保、化工原料等领域,为解决人类健康、资源和环境问题提供坚实的基础。

国内外"生物工程技术"实验指导基本均涉及经典的微生物发酵工程和大分子分离纯化技术,目前有些教材加入了综合性实验。本书以生物工程的上游、中游和下游技术为主线编排,实验目的明确,思路清晰,技术流程简明扼要,有利于加强科研思维训练;同时,考虑到"发酵工程技术"是生物工程领域的核心部分,本书加入了"发酵工程"课程的习题及参考答案。

本书主要是生物技术类专业"分子生物学技术""发酵工程"和"生物工程下游技术"等专业课程的实验部分,以连续的综合实验进行编制,要求学生参与实验设计和准备工作以及实验结果的研讨分析。紧扣课程特点,重点在生物工程技术的基础理论、技术原理、实验操作、技术应用以及发展趋势等方面,并注重相关学科的交叉融合,包含发酵、血清γ-球蛋白的分离纯化等。通过对本书的学习,使学生掌握生物工程技术的基本原理和实验设计原理,操作过程,结果分析方法,能独立处理和解决问题,提高科研能力。

全书共分为四篇。第一篇为导论,主要介绍了生物工程技术实验室的基本要求和实验报告要求。第二篇为分子生物学实验技术,主要以分子生物学技术为主线,包括琼脂糖凝胶电泳、聚合酶链式反应、DNA提取和转基因检测,介绍了分子生物学实验的基本原理、技术路线、方法和具体操作,并对实验注意事项、应用和知识拓展给予了提示。第三篇为发酵工程技术,主要介绍了酸奶制作、甜酒制作、发酵罐的结构及灭菌、谷氨酸发酵和透明质酸合成。第四篇为生物工程下游技术,属于综合性实验,包括血清γ-球蛋白的分离、纯化及鉴定,要求学生参与实验设计和结果讨论,并做工作汇报,培养学生的科研素养。附录部分列出了由宋存江、方柏山等人主编的《发酵工程原理与技术》一书的课后习题及参考答案,可以帮助学生更好地掌握发酵工程的基础知识。

在本书编写过程中,得到了蚌埠医学院生物科学系陈昌杰教授、吴守伟副教授的大力支持和指导,在此深表谢意!同时,非常感谢中国科学技术大学出版社为本书顺利出版给予的帮助和支持。

  由于编写者水平有限,经验不足,书中难免有疏漏或不当之处,恳请广大读者给予批评指正。

编 者

2018 年 1 月

目　录

前言 ·· (i)

第一篇　导论 ·· (1)

第二篇　分子生物学实验技术 ·· (9)
　实验一　琼脂糖凝胶电泳 ·· (9)
　实验二　聚合酶链式反应(PCR) ·· (12)
　实验三　全血基因组 DNA 的提取及鉴定 ·· (16)
　实验四　Bt-176 转基因玉米的实时荧光定量 PCR 检测 ······················· (19)
　实验五　玉米油脂中 Bt-176 转基因的实时荧光定量 PCR 检测 ··········· (22)

第三篇　发酵工程技术 ·· (26)
　实验六　酸奶制作 ·· (26)
　实验七　甜酒制作 ·· (28)
　实验八　小型发酵罐的安装、拆卸和使用 ·· (32)
　实验九　发酵罐中培养基的灭菌及接种 ·· (37)
　实验十　谷氨酸发酵 ·· (41)
　实验十一　透明质酸合成 ·· (47)

第四篇　生物工程下游技术 ·· (53)
　实验十二　盐析：球蛋白与清蛋白分离 ·· (55)
　实验十三　凝胶层析：去除球蛋白中无机盐 ·· (58)
　实验十四　离子交换层析：纯化 γ-球蛋白 ······································ (63)
　实验十五　电泳：γ-球蛋白纯度鉴定 ·· (66)

附录　《发酵工程原理与技术》课后习题及参考答案 ······························· (71)
　第一章　绪论 ·· (71)
　第二章　微生物反应的质能平衡与代谢产物的过量生产 ······················· (74)
　第三章　生物发酵的基本过程 ·· (77)
　第四章　微生物发酵动力学 ·· (79)
　第五章　分批发酵、补料分批发酵和高密度发酵 ·································· (82)
　第六章　连续发酵 ·· (84)
　第七章　微生物的现代固态发酵 ·· (86)

第八章　基因工程菌株发酵 …………………………………………………（88）
第九章　发酵过程中氧的溶解、传递、测定及其影响因素 ………………（91）
第十章　发酵控制工程 ………………………………………………………（93）
第十一章　发酵工程中的灭菌与空气除菌 …………………………………（96）
第十二章　发酵工程设备 ……………………………………………………（99）
第十三章　动植物细胞的发酵工程 …………………………………………（102）

参考文献 ………………………………………………………………………（105）

第一篇 导 论

一、生物工程技术实验课简介

生物工程技术实验是以生物学(主要包括微生物学、遗传学、生物化学和细胞学)的理论和技术为基础,结合化工、机械、计算机等现代工程知识和技术手段,进行基因改造(生物工程上游技术)、产品生产(生物工程中游技术)和提纯(生物工程下游技术)的过程。本教材的编写与设计,分别以生物工程的上游、中游和下游技术为主线编排,上游以分子生物学实验技术为主体,中游介绍了发酵工程,下游是血清 γ-球蛋白的分离、纯化及鉴定的综合性实验,下面简要介绍如下。

(一)分子生物学实验技术

20 世纪 90 年代初期,随着分子生物学的快速发展,分子生物学实验技术迅速成为生命科学相关学科重要的研究工具。高等学校生命科学相关专业的学生要适应时代的发展,除了需要学习分子生物学基础理论知识以外,还必须系统地培养学生在分子生物学方面的技术素养与动手能力,主要通过学生参与设计、完成实验和实验讨论,把学到的分子生物学理论、技术融会贯通地用到实际科学研究中去,使理论与实践更好地结合,提高学生创新性思维和独立分析、解决问题的综合能力。本教材以经典的分子生物学技术为主线,包括琼脂糖凝胶电泳、聚合酶链式反应、DNA 提取和转基因检测,介绍了分子生物学实验的基本原理、技术路线、方法和具体操作,并对实验注意事项、应用和知识拓展给予了提示,扩展了与生命科学相关学科的学生的知识结构,推动了实验教学内容现代化的进程。

(二)发酵工程技术

发酵工程是指采用现代工程技术手段,利用生物(主要是微生物)的某些功能,为人类生产有用的生物产品,或直接用微生物参与控制某些工业生产过程的一种技术,利用酵母菌发酵制造啤酒和果酒,乳酸菌发酵制造奶酪和酸奶,真菌生产青霉素等都是发酵工程的应用。随着科学技术的飞速发展,发酵相关技术也有了很大的进步，目前人类能够控制和改造微生物，使这些微生物为人类生产更优质的产品。现代发酵工程作为现代生物工程技术的重要组成部分，具有广阔的应用前景。发酵工程的内容主要包括菌种选育、培养基配制、灭菌、培养和接种的扩大、发酵过程和产品的分离。本教材主要介绍了酸奶制作、甜酒制作、发酵罐的结构及灭菌、谷氨酸发酵和透明质酸合成，使学生掌握发酵工程的基本知识和基本技能，了解现代发酵工程技术的发展与应用情况，具备一定的微生物生产工程技能，并通过实验操作的锻炼，能够做到理论联系实际，能够基本完成从斜面到各种规模放大的一整套微生物培养操作及成分的处理和检测。

（三）生物工程下游技术

生物工程下游技术是在酶工程、基因工程、细胞工程等基础上建立起来的，主要包括细胞破碎与分离、膜分离技术、层析、色谱技术、电泳技术等，在社会生活中已经发挥了巨大的作用，生物产品的种类及应用也得到了前所未有的发展。如何进一步使这些生物制品更好地服务于社会，主要取决于生产的规模和提取技术的深化。生物工程下游技术的任务是将目标产物从反应液中提取出来并加以精制以达到规定的质量要求，它泛指从工程菌或工程细胞中获得目的产物的分离纯化、质量监测所需要的一系列单元操作技术，由此可见下游技术是结合分离、纯化和产品检测的综合技术。本教材使用血清 γ-球蛋白分离、纯化及鉴定的综合性实验，学生参与实验设计、结果讨论，并做工作汇报，使学生掌握生物工程产品下游制造技术的科学本质，理解、掌握传统技术基础，接受新概念、新知识、新技术，为今后的科学研究、技术开发和工程应用做好理论准备。本教材紧扣课程特点，重点在生物工程技术的基础理论、技术原理、实验操作、技术应用以及发展趋势等方面，并注重相关学科的交叉融合。为了达到最佳的教学效果，学生在本实验课程学习过程中务必做到实验前预习，实验中积极参与并做好实验记录，实验后及时提交实验报告。同时，考虑到"发酵工程技术"是生物工程技术领域的核心内容，本教材附录部分加入了"发酵工程"课程的习题及参考答案。

生物工程技术的应用领域非常广泛，包括医学、生物、食品、农业、药物学、能源、环保、冶金、化工等方面，它必将为人们提供巨大的经济效益和社会效益，对人类社会的现代化生活产生巨大影响，为世界面临的资源、环境和人类健康等问题的解决提供了基础。通过本教材的学习，使学生掌握生物工程技术的基本原理、实验设计原理、操作过程、结果分析方法，让学生独立处理问题和解决问题，提高科研能力。

二、生物工程技术实验室的基本要求

(一) 人员准入要求

(1) 进入实验室的教师和学生必须具备相应的专业技能,受过相关的实验室生物安全培训,了解实验室潜在的生物危害和特殊要求,能严格执行安全操作规程,经负责人审批后方可进入生物工程技术实验室工作。

(2) 实验室人员必须在身体状况良好、穿好工作服的情况下,方能进入实验室;当身体出现较大的开放性损伤、处于较重的疾病感染状态或呈重度疲劳状态时不得进入实验室。

(3) 外来参观人员需经实验室负责人同意,并在相关人员陪同下进入实验室;未经许可,不得随意带他人进入实验室。

(4) 进入实验室前要摘除首饰,修剪指甲,以免刺破手套;长发应束在脑后,禁止在实验室内穿露脚趾的鞋。

(5) 在实验室里工作时,要始终穿着工作服,工作服应定期清洗、更换,清洗时应使用具有杀菌消毒的洗液或其他相应方法;室内设备仪器不得擅自拆卸、挪动,与本人实验无关的设备不可随意开启。

(6) 禁止在实验室内吸烟、进餐、会客、喧哗,实验室内不得带入私人物品,离开实验室前认真检查水、电、暖气、门窗,对于有毒、有害、易燃、污染、腐蚀的物品和废弃物品应按有关要求执行,不准随意丢弃杂物等。

(7) 每位实验室成员都应以主人翁精神参与实验室的建设与管理,爱护仪器设备,节约用水、用电及实验材料等,注意公共卫生。实验室负责人督促相关制度严格执行,根据情况给予奖惩,出现问题应立即报告管理单位。

(二) 仪器、玻璃器皿和试剂使用要求

1. 仪器使用要求

(1) 实验仪器按指定位置摆放,不得擅自改变仪器设备及其附属设备的存放位置;确需移动位置时,必须经实验室负责人同意,使用后应及时整理复原。

(2) 精密仪器须专人负责管理,使用者经过培训合格后方能使用,对于没有按规定操作导致设备故障者,要追究其责任。

(3) 严格遵守各种仪器的操作规程和登记制度,凡对拟使用的仪器的操作无把握者,务必请教仪器负责人;发现仪器故障者,有义务立即通知仪器负责人,以便及时维修;凡违反操作规程而损坏仪器者,视其损失轻重给予一定处罚。

(4) 各通电设备在使用完毕后,应切断电源,旋钮复原归位,待仔细检查后,方可离去,以保证安全。

(5) 必须严格执行仪器设备运行记录制度,记录仪器运行状况,开、关机时间。

(6) 仪器设备应保持清洁,应有仪器套罩;下次使用者,首先检查仪器清洁卫生,仪器是否有损坏,接通电源后,检查是否运转正常;发现问题及时通知仪器负责人,并找上一次使用者问明情况,知情不报者追查当次使用者的责任。

(7) 微生物发酵实验后,实验室须立即收拾整洁、干净。如有菌液污染须用3%来苏尔液覆盖污染区 30 min 后擦去;带菌工具(如吸管、玻璃棒等)在洗涤前须用3%来苏尔液浸泡消毒。

2. 玻璃器皿使用要求

(1) 大型器皿建立账目,每年清查一次;易耗器皿损坏后随时填写损耗登记清单,及时订购。

(2) 玻璃器皿使用前应除去污垢,并用2%稀盐酸溶液浸泡 24 h 后,用清水冲洗干净备用。

(3) 玻璃器皿应轻拿轻放,严格按照其使用条件来使用。

(4) 玻璃器皿使用后随时清洗,染菌后应严格高压灭菌,不得乱弃乱扔。

3. 试剂使用要求

(1) 实验室内易燃、易爆、腐蚀性和剧毒性试剂应分类管理并有相应的目录,使用时应做好领用记录。

(2) 所有试剂必须有明显的标志,对字迹不清的标签要及时更换,对过期失效和没有标签的药品不准使用,并要进行妥善处理。

(3) 使用强酸、强碱等化学试剂时,按照规定要求操作和贮存;使用有机溶剂和挥发性强的试剂,必须在通风橱内进行。

(4) 实验室中试剂如长期不用,应放到储藏室统一管理;同种试剂使用完后再开启新瓶,使用完后放回原处;购买试剂前,先检查试剂柜内的库存,然后按需购买。

(5) 配制的公用溶液存放于指定位置,溶液瓶上都要有标签,标签上要注明溶液名称、浓度、配制者姓名、配制日期等信息;无标签或标签无法辨认的溶液都要当成危险物品重新鉴别后谨慎处理,不可随意扔弃,以免引起严重事故。

(三) 安全卫生要求

(1) 涉及挥发性、刺激性及有毒试剂的操作必须在通风橱内进行;进行有毒、有害、有刺激性的物质或有腐蚀性的物质操作时,应戴好防护手套,在特定实验台上操作,不要污染其他工作台;切勿使乙醇、乙醚、丙酮等易燃药品接近火焰,实验室内严禁吸烟。

(2) 操作感染性、腐蚀性或毒性物质时须在通风橱中进行,并穿戴相关的安全防护用品,如安全镜、面罩或护目镜;高温、高压等易燃、易爆实验,需要特别注意安全防范。

(3) 消防器材要定时检测,放置在便于使用的地方,保证随时可用,且其周围不可堆放其他物品、杂物。

(4) 实验人员都必须熟悉实验室内水、电、气开关的分布情况,在遇到紧急情况的时候应立刻关闭相应的开关;还应该熟悉实验室的各种应急措施,包括灭火器和火情警铃按钮。

(5) 实验完毕后和下班离开实验室时,应切断电源(必须通电的除外)和水源、清理实验场所、关好门窗后方能离开。所有实验需过夜的,应安排人员值守。

(6) 钥匙为实验室工作人员进入实验室的通行证,不得转借;钥匙的持有者应对本实验室的安全负责。

(7) 实验室内要保持清洁卫生,每天上、下班应进行清扫整理,桌柜等表面应每天用消毒液擦拭,保持无尘,杜绝污染;实验室仪器要摆放合理,并有固定位置。

(8) 实验室内不得乱扔纸屑等杂物,测试用过的废弃物要倒在固定的箱筒内并及时处理;实验室工作台面应保持水平和无渗漏,墙壁和地面应当光滑和容易清洗。

(9) 实验室应有良好的通风条件,如安装空调设备及过滤设备,并具有优良的采光条件和照明设备,严禁利用实验室作会议室、学习场所或进行其他文娱活动。

(四) 培养基制备要求

制备的培养基质量直接影响微生物发酵状况,由于不同微生物对营养要求不完全相同以及培养目的不同,不同培养基制备要求不同。

(1) 根据培养基配方的化学成分定量称取,然后溶于超纯水中。

(2) 在室温条件下测定溶液 pH,若与目的 pH 有差异,加入适量酸或碱混匀后再测试,直到达到目的 pH 为止。培养基 pH 务必准确,否则会影响微生物的生长发酵。

(3) 培养基需充分溶解,保持清澈,盛装于玻璃容器中,便于观察杂菌的生长情况。

(4) 培养基的灭菌既要达到完全灭菌的目的,又要注意防止加热而破坏营养物质,一般 121 ℃灭菌 20 min 即可。同时注意高压灭菌可能影响培养基的 pH,故灭菌压力不宜过高或次数太多,以免影响培养基的质量。

(5) 培养基制备好后,必须进行质量控制试验。实验室配制的培养基的常规监控项目是无菌生长试验、pH、适用性检查试验和定期的稳定性检查以确定有效期,有效期的长短将取决于在一定存放条件下(包括容器特性及密封性)的培养基组成成分的稳定性。

(6) 染菌培养基及菌悬液在丢弃前应在实验室内完成销毁工作,合适的方法是 121 ℃灭菌 30 min 处理；未长菌的培养基或过期的培养基在丢弃前应进行去营养处理，可以选用 121 ℃处理 30 min。

（7）每批制备的培养基所用化学试剂、灭菌情况及质量控制检测结果，培养基配置人员要做好记录，以备查询。

（五）实验室操作要求

（1）实验过程中所有样本、培养物均可能有传染性，操作时均应戴手套，当手套已被污染时应及时更换新手套；不得用戴手套的手触摸自己的眼、鼻子或其他暴露的黏膜或皮肤，不得戴手套离开实验室和开、关门。

（2）严格禁止用嘴操作实验器材，包括吸液、吹酒精灯等，禁止实验材料直接接触皮肤；尽量用塑料制品代替玻璃制品，不使用破裂或有缺口的玻璃器具，破裂的玻璃器具和碎片应丢弃在有专门标记的、单独的、不易刺破的容器里。

（3）任何使形成气溶胶的危险性上升的操作都必须在生物安全柜里进行，有害气溶胶不得直接排放；应尽可能减少使用利器，尽量使用替代品，包括针头、玻璃、一次性手术刀在内的利器应在使用后立即放在耐扎容器中。

（4）所有弃置的样本、培养物和废弃物应被假定有传染性，在从实验室中取走之前，应以安全方式处理和处置，使其达到生物学安全。

（5）接种环在接种细菌前应经酒精灯火焰烧灼全部金属丝，必要时还要烧到环和针与杆的连接处，接种、吸管吸取菌液或样品必须在酒精灯前操作，吸管从包装中取出后及打开试管塞都要通过火焰消毒。

（6）超净工作台采用紫外灯灭菌时，照射时间不少于 30 min，不得直接在打开的紫外线下操作，以免引起损伤；紫外灯管每隔 2 周需用酒精棉球轻轻擦拭，除去上面的灰尘和油垢，以减少紫外线穿透的影响；为了获得较好的灭菌效果，紫外灯管要定期更换。

（7）实验室应保持整洁、干净，当潜在的危险物溅出或一天的工作结束后，所有操作台面、离心机、加样枪、试管架必须擦拭、消毒。

三、实验报告要求

（一）实验预习

实验前，学生应认真、自主地学习实验内容及相关的参考文献资料，进行实验预习，未预习者不得进行实验。预习主要完成以下工作：

（1）认真阅读实验指导书，明确所做实验的目的、原理、方法、步骤和注意事项等，充分理解所做实验的意义，使用学校统一的实验报告纸写出实验的目的、原理、仪器材料、方法和步骤。

（2）根据实验的具体目标,研究实验的理论依据和实验的具体步骤,分析应该测取哪些数据,并预测这些数据的变化规律,准备好实验记录表格及计算用具。

（3）提前到实验室现场并结合实验指导书仔细观察实验流程、实验材料和主要仪器的构造及使用方法,熟悉实验环境。

（二）实验记录

（1）根据实验内容的要求,将实验过程中获得的实验结果记录下来,注明实验日期和时间。用字规范,条理清楚,字体端正,须用蓝色或黑色字迹的钢笔或签字笔书写,不得使用铅笔或其他易褪色的工具书写。

（2）必须真实、准确、完整地记录实验中所观察到的现象和测量的数据,实验记录必须公正客观,防止漏记和随意涂改,禁止伪造和编造数据。

（3）详细记录实验条件,如使用的试剂和仪器的生产厂家、型号和编号,实验原材料的来源、形态特征及重量等;详细记录实验过程中关键步骤的具体操作以及观察到的现象,同时辅助以拍照记录。

（4）使用规范的专业术语,计量单位应采用国际标准计量单位,有效数字的取舍应符合实验要求。

（5）原始实验数据一般不得修改,若要修改数据,可以画线去除,同时需注明原因并确保原记录可见。实验记录应妥善保存,避免破损,保持整洁。

（6）实验完毕后必须将记录结果交给实验指导教师检查,经签字认可方为有效实验结果,实验报告中无指导教师签字的实验结果视为无效。

（三）实验报告格式

（1）实验目的:根据实验教学要求阐明实验主要目的。

（2）实验原理:应在理解的基础上简明扼要地书写实验原理,不能简单地照抄实验指导书。

（3）实验仪器和材料:包括仪器名称及型号规格,材料来源及属性。

（4）实验方法:运用何种生物学方法研究该实验。

（5）实验步骤:简明扼要书写实验每一阶段的具体步骤。

（6）实验结果:该项为实验报告的重点项,应认真、客观、如实、完整地记录实验数据、实验现象等,绘制相关图表,并认真分析,得出实验结论。

（7）实验总结:根据具体的实验现象和实验中存在的问题进行整理、解释、分析总结,写出实验后自己的收获,遇到的困难及解决的方法等心得体会,对本次实验进一步的想法以及意见和建议等。

（四）实验报告要求

（1）实验报告必须填写实验人信息:学号、姓名、课程、班级、日期。若为两人以上共同完成的实验,需要填写同组人员姓名。

(2) 实验报告的内容一般包括实验名称、目的、原理、方法、仪器和材料、步骤、结果、总结等,同时要根据指导教师的具体要求,确定实验报告的内容。

(3) 实验报告是在实验预习完成的内容的基础上再加写剩余内容,两者合二为一构成一份完整的实验报告。

(4) 严禁抄袭报告。对抄袭报告的学生,除责成该同学写出深刻检查外,必须重新书写实验报告。

(5) 每次的实验报告在实验完成后一周内上交,实验报告的电子文档和需要上交的结果文件发到指导教师的电子邮箱。

第二篇　分子生物学实验技术

实验一　琼脂糖凝胶电泳

一、实验目的

(1) 学习和掌握琼脂糖凝胶电泳法鉴定 DNA 的原理和方法。
(2) 掌握琼脂糖电泳各种试剂的组分和作用。

二、实验原理

带电颗粒在电场作用下,向着与其相反的电极移动,称为电泳。DNA 分子是两性电解质,在高于其等电点的溶液(pH 8.0~8.3)中,碱基几乎不解离,磷酸基团全部解离,DNA 分子带负电荷,在电场中向正极移动。核酸分子在琼脂糖凝胶中泳动时,具有电荷效应和分子筛效应,但主要为分子筛效应。因此,核酸分子的迁移率由下列几种因素决定:

(1) DNA 的分子大小。线状双链 DNA 分子在一定浓度琼脂糖凝胶中的迁移速率与 DNA 分子量的对数成反比,分子越大则所受阻力越大,也越难于在凝胶孔隙中移动,因而迁移得越慢。

(2) DNA 分子的构象。当 DNA 分子处于不同构象时,它在电场中的移动距离不仅和分子量,还和它本身构象有关。相同分子量的线状、开环和超螺旋质粒 DNA 在琼脂糖凝胶中移动的速度是不一样的,超螺旋 DNA 移动得最快,而开环状 DNA 移动得最慢。如在电泳鉴定质粒纯度时,若发现凝胶上有数条 DNA 带难以确定是由质粒 DNA 不同构象引起还是因为含有其他 DNA 引起的,可从琼脂糖凝胶上将 DNA 带逐个回收,用同一种限制性内切酶分别水解,然后电泳,如在凝胶上出现相同的 DNA 图谱,则为同一种 DNA。

(3) 电源电压。在低电压时,线状 DNA 片段的迁移速率与所加电压成正比。但是随着电场强度的增加,不同分子量的 DNA 片段的迁移率将以不同的幅度增加,片段越大,因场强升高引起的迁移率增加幅度也越大,因此电压增加,琼脂糖凝胶的有效分离范围将缩小。要使大于 2 kb 的 DNA 片段的分辨率达到最大,所加电压不得超过 5 V/cm。

三、实验仪器、材料与试剂

1. 仪器

恒温培养箱,琼脂糖凝胶电泳系统,台式离心机,高压灭菌锅,紫外线透射仪。

2. 材料与试剂

三羟甲基氨基甲烷(Tris),硼酸,乙二胺四乙酸(EDTA),溴酚蓝,琼脂糖,溴化乙啶(EB),DNA marker。

四、实验流程

琼脂糖凝胶电泳的实验流程如图 1.1 所示。

制备琼脂糖凝胶电泳 → 胶板的制备 → 加样 → 电泳 → 观察并拍照

图 1.1 琼脂糖凝胶电泳实验流程图

五、实验步骤

1. 制备琼脂糖凝胶

准确称取琼脂糖,加适量电泳缓冲液,置微波炉中,将琼脂糖融化均匀。在加热过程中要不时摇动,使附于瓶壁上的琼脂糖颗粒进入溶液;加热时应盖上封口膜,以减少水分蒸发。按照被分离的 DNA 大小决定琼脂糖的百分含量。

2. 胶板的制备

将胶槽置于制胶板上,插上样品梳子,注意观察梳子齿下缘应与胶槽底面保持 1 mm 左右的间隙,待胶溶液冷却至 55 ℃ 左右时,加入最终浓度为 0.5 μg/mL 的 EB(也可不把 EB 加入凝胶中,而是电泳后再用 0.5 μg/mL 的 EB 溶液浸泡染色 15 min),摇匀,轻轻倒在电泳制胶板上,除掉气泡,待凝胶冷却凝固后,垂直轻拔梳子;将凝胶放入电泳槽内,加入 1× 电泳缓冲液,使电泳缓冲液液面刚高出琼脂糖凝胶面。

3. 加样

点样板或薄膜上混合 DNA 样品和上样缓冲液,上样缓冲液的最终稀释倍数应不小于 1×。用 10 μL 微量移液器分别将样品加入胶板的样品小槽内,每加完一个样品,应更换一个加样头,以防污染,加样时勿碰坏样品孔周围的凝胶面(注意:加样前要先记下加样的顺序和点样量)。能加样的最大体积取决于加样孔的容积。

4. 电泳

接通电泳槽与电泳仪的电源(注意正、负极,DNA 片段从负极向正极移动)。DNA 的迁移速率与电压成正比,最高电压不超过 5 V/cm。当琼脂糖浓度低于 0.5%时,电泳温度不能太高,样品由负极(黑色)向正极(红色)方向移动,电压升高,琼脂糖凝胶的有效分离范围降低。当溴酚蓝移动到距离胶板下沿约 1 cm 处时,停止电泳。

5. 观察和拍照

电泳完毕,取出凝胶。在波长为 254 nm 的紫外灯下观察染色后的或已加有 EB 的电泳胶板,DNA 存在处显示出肉眼可辨的橘红色荧光条带,于凝胶成像系统中拍照并保存。

六、实验结果与分析

在紫外灯下观察染色后的凝胶电泳,DNA 存在处显示出肉眼可辨的橘红色荧光条带。

七、注意事项

(1) 根据样品 DNA 分子的大小,选择合适的琼脂糖凝胶浓度。

(2) 不要用水溶解琼脂糖,配胶的缓冲液与电泳缓冲液相一致,且浓度一致(1×),加热时,一定要煮沸,以确保琼脂糖完全溶解。

(3) 在 50～60 ℃时倒入模具制胶,动作要轻,避免出现气泡,以免电泳时造成 DNA 条带扭曲或断裂。

(4) 电泳槽中的缓冲液必须没过胶面,同时确认样品胶孔位于电场负极。

(5) 确认上样前胶孔中是否有气泡,并设法排除。

(6) 上样前,样品加入上样缓冲液,以增加样品的比重而沉入胶孔中。

(7) 上样时,枪头不要碰坏凝胶壁,否则会造成样品体积减小或电泳时 DNA 的带型不整齐。

(8) 注意每孔最大上样容量及样品孔体积,以免加样时样品流入附近样品孔造成交叉污染,影响结果分析。

(9) 设置好参数,开启电源开关,观察正、负两极是否有气泡产生,负极的气泡比正极多,从而确保电源连接正确。

(10) 电泳时注意溴酚蓝的指示作用,一般溴酚蓝的迁移速率与长 300 bp 的线状双链 DNA 相同,因此根据其在胶中的位置,及时停止电泳。

(11) 电泳缓冲液使用过久或残留在电泳缓冲液中的凝胶变质会引起 DNA 结构改变,因此要时常更换电泳缓冲液和刷洗电泳槽。

(12) 观察结果时,不要直视紫外线,应戴上 UV 护目镜,同时皮肤不要暴露在紫外线下,应戴上手套。

(13) 减少紫外线对核酸的照射时间,尤其是胶回收的产物,因为紫外线能诱导 DNA 交联,在相邻胞嘧啶和胸腺嘧啶残基间形成的嘧啶二聚体会对下游的分子实验造成影响。

(14) 溴化乙啶为强致癌剂,操作时应戴手套,尽量减少台面污染。尽量使用相对安全的 Golden View,GelRed 等核酸荧光染料代替。

八、知识链接

聚丙烯酰胺凝胶电泳(polyacrylamide gel electrophoresis,PAGE)是以聚丙烯酰胺凝胶为支持介质的一种电泳方法。聚丙烯酰胺凝胶电泳被广泛应用于许多学科如分子生物学、生物化学以及临床等,在样品的分离、纯度鉴定、多态性分析、分子量测定等实验中,是一种很有价值甚至是不可缺少的方法。与其他凝胶方法相比,聚丙烯酰胺有以下优点:

(1) 聚丙烯酰胺凝胶电泳是在恒定电场中垂直方向上进行的,分辨率极高,可分离长度上相差 1 bp DNA 分子片段。

(2) 聚丙烯酰胺凝胶是人工合成的多聚体,可根据改变单体浓度或单体和交联剂的浓度,调节凝胶的孔径,分离不同分子量的生物大分子。

(3) 载样量大,可达 10 μg,而其分辨率不受影响。

(4) 胶回收的 DNA 纯度很高,可用于要求严格的实验,如胚胎的显微注射。

(5) 聚丙烯酰胺凝胶化学惰性好,电泳时不会产生电渗作用。

(6) 聚丙烯酰胺无色透明,无紫外吸收,可用紫外分析仪对分离物进行定量分析。

(7) 重复性好,有弹性,机械强度高,对温度和 pH 变化不敏感,易于操作和保存。

实验二 聚合酶链式反应(PCR)

一、实验目的

(1) 掌握 PCR 的基本原理。
(2) 了解 PCR 的优化条件和 PCR 的应用。
(3) 掌握 PCR 产物纯化的方法。

二、实验原理

聚合酶链式反应(polymerase chain reaction,PCR)是在试管中进行 DNA 复制反应,基本原理与体内相似,不同之处是耐热的 Taq 酶取代 DNA 聚合酶,用合成的 DNA 引物替代 RNA 引物,用加热(变性)、冷却(退火)、保温(延伸)等改变温度的办法使 DNA 得以复制,反复进行变性、退火、延伸循环,就可使 DNA 无限扩增。PCR 的具体过程如下:

(1) 将 PCR 反应体系升温至 95 ℃左右,双链的 DNA 模板就解开成两条单链,此过程为变性。

(2) 将温度降至引物的 Tm 值以下,3′端与 5′端的引物各自与两条单链 DNA 模板的互补区域结合,此过程称为退火。

(3) 将反应体系的温度升至 72 ℃时,耐热的 Taq DNA 聚合酶催化四种脱氧核糖核苷酸,按照模板 DNA 的核苷酸序列的互补方式依次加至引物的 3′端,形成新生的 DNA 链。每一次循环使反应体系中的 DNA 分子数增加约一倍。理论上循环 n 次,就增加 2^n 倍。当经 30 次循环后,DNA 产量达 10^9 个拷贝。

三、实验仪器、材料与试剂

1. 仪器

PCR 仪,台式高速离心机,离心管架,微量移液器,1.5 mL 离心管,8 连或 12 连 PCR 管(或者 PCR 板),枪头,冰盒等。

2. 材料与试剂

DNA 模板(单链或双链),引物(正向/反向各一条),10×PCR Buffer,2 mmol dNTP 混合物(含 dATP、dCTP、dGTP、dTTP 各 2 mmol),Taq 酶,Mg^{2+},灭菌 ddH_2O。

四、实验流程

PCR 的实验流程如图 2.1 所示。

图 2.1 PCR 实验流程图

五、实验步骤

(1) 在 0.2 mL Eppendorf 管内依次混匀下列试剂,配制 20 μL 反应体系,如表 2.1 所示。

表 2.1　Eppendorf 试管内加入的试剂及体积

试剂	体积
ddH_2O	7.8 μL
10×PCR 缓冲液	2 μL
$MgCl_2$(15 mmol/L)	2 μL
dNTP(2.5 mmol/L)	2 μL
引物 1 (2 μmol/L)	2 μL
引物 2 (2 μmol/L)	2 μL
模板 DNA	2 μL
Taq DNA 聚合酶(5 U/μL)	0.2 μL
总体积	20 μL

(2) 按表 2.2 所示的循环程序进行扩增。

表 2.2　循环程序

程序阶段	程序名称	温度	时间	循环数
1	预变性	94 ℃	3 min	1
2	变性	94 ℃	30 s	30
	退火	52 ℃	30 s	
	延伸	72 ℃	30 s	
3	保温	4 ℃	∞	1

(3) 扩增结束后,取 10 μL 扩增产物进行电泳检测。

六、实验结果与分析

(1) 根据电泳结果是否出现目标条带,DNA marker 判断扩增片段大小,从而分析结果为阴性或阳性。

(2) 根据条带的宽度和亮度,判断 PCR 产物扩增量的多少。

(3) 分析结果有无假阴性、假阳性、引物二聚体及非特异性扩增产物。

七、注意事项

（1）戴一次性手套，若不小心溅上反应液，立即更换手套。

（2）使用一次性吸头，严禁与 PCR 产物分析室的吸头混用，吸头不要长时间暴露于空气中，避免气溶胶的污染。

（3）避免反应液飞溅，打开反应管时为避免此种情况，开盖前稍离心收集液体于管底。若不小心溅到手套或桌面上，应立刻更换手套并用稀酸擦拭桌面。

（4）操作多份样品时，制备反应混合液，先将 dNTP、缓冲液、引物和酶混合好，然后分装，这样即可以减少操作，避免污染，又可以增加反应的精确度。

（5）最后加入反应模板，加入后盖紧反应管。

（6）操作时设立阴阳性对照和空白对照，既可验证 PCR 的可靠性，又可以协助判断扩增系统的可信性。

（7）尽可能用可替换或可高压处理的加样器，由于加样器最容易受产物气溶胶或标本 DNA 的污染，最好使用可替换或高压处理的加样器。如没有这种特殊的加样器，至少 PCR 操作过程中加样器应该专用，不能交叉使用，尤其是 PCR 产物分析所用加样器不能拿到其他两个区。

（8）重复实验，验证结果，慎下结论。

八、知识链接

实时荧光定量 PCR 技术（real-time fluores-cence quantitative PCR，RTFQ PCR）是 1996 年由美国 Applied Biosystems 公司推出的一种新技术，它不仅实现了 PCR 从定性到定量的飞跃，而且与常规 PCR 相比，具有灵敏度高、特异性强、有效解决 PCR 污染问题、自动化程度高等特点。目前，该技术已广泛应用于分子生物学、医学等学科和基础研究领域，特别是在现代农业转基因作物的定性检测、品系鉴定、转基因成分含量的检测中发挥着重要作用。

实时荧光定量 PCR 技术原理：实时 PCR 就是在 PCR 扩增过程中，通过荧光信号，对 PCR 进程进行实时检测。一般来讲，实时荧光定量 PCR 仪主要由样品载台、基因扩增热循环组件、微量荧光检测光学系统、微电路控制系统、计算机及应用软件组成。其中基因扩增热循环组件工作原理与传统基因扩增仪大致相同，不同厂家不同型号的产品分别采用空气加热、压缩机制冷、半导体加热制冷等工作方式。独特之处是这个微量荧光检测系统，由荧光激发光学部件、微量荧光检测部件、光路、控制系统组成。

根据实时荧光定量 PCR 技术的化学发光原理可以分为两大类：一类为探针类，包括 TaqMan 探针和分子信标，利用与靶序列特异杂交的探针来指示扩增产物的增加；一类为非探针类，其中包括如 SYBR Green Ⅰ 或者特殊设计的引物（如 LUX Primers），通过荧光染料来指示产物的增加。

实验三　全血基因组 DNA 的提取及鉴定

一、实验目的

（1）掌握人的基因组 DNA 的抽提方法。
（2）了解 DNA 的基本理化性质。
（3）初步了解 DNA 琼脂糖电泳鉴定的方法。
（4）了解 Biodropsis 超微量核酸蛋白分析仪的使用方法。

二、实验原理

从不同组织细胞或血细胞中提取高质量的 DNA 是进行基因诊断的先决条件。基因组 DNA 可以从任何有核细胞中提出，人外周血中的淋巴细胞是抽提基因组 DNA 最方便的材料。由于 DNA 在细胞核内是以与蛋白质形成复合物的形式存在的，因此提取过程中必须将其中的蛋白质除去，SDS 可将细胞膜、核膜破坏，并将组蛋白从 DNA 分子中分离，使核蛋白上的核酸游离。EDTA 可抑制细胞中 DNase 活性。蛋白酶 K 可以用于消化细胞核膜以及核内蛋白质，RNase 除去核酸中的 RNA。再用苯酚氯仿抽提，可进一步使蛋白质变性而与核酸分开，再经无水乙醇沉淀，最后可得到比较纯净的 DNA。

Ezup 柱式血液基因组 DNA 抽提试剂盒对经典血液基因组 DNA 抽提方法进行了改良，使用高浓度的蛋白变性剂，当血液体积≤100 μL 时，无需红细胞裂解，简化了操作流程，大大缩短了裂解的时间。从 100 μL 含无核红细胞的血液样品可以获得 1~3 μg DNA。处理大量（>100 μL）血液样品时，需先用红细胞裂解液（Buffer TBP）处理，可一次获得大量血液基因组 DNA，OD260/OD280 比值一般为 1.7~1.9。抽提出的 DNA 可用于酶切、PCR、文库构建、Southern blot 等相关实验。核酸具有吸收紫外光线的能力，在波长为 260 nm 的条件下具有吸收峰值，而蛋白质在 280 nm 时具有吸收峰值。根据经验数据，纯核酸溶液 OD 260 为 1.8~2.0 时，认为已达到所要求的纯度。

三、实验仪器、材料与试剂

1. 仪器

小型高速离心机(最大离心力≥12 000×g),水浴锅,涡旋振荡仪器。

2. 材料与试剂

Ezup 柱式血液基因组 DNA 抽提试剂盒,人外周血等,移液器,Tip 头,1.5 mL Eppendorf 管,TE 溶液(pH 8.0),0.9% NaCl 溶液,75%乙醇、无水乙醇,ddH_2O,RNase A(10 mg/mL)。

试剂盒初次开启时,按瓶身标签说明在 CW1 Solution、CW2 Solution 中加入相应量的无水乙醇,混匀后在瓶身做好标记,于室温下密封保存(13 mL CW1 Solution 中加入 17 mL 无水乙醇,9 mL CW2 Solution 中加入 21 mL 无水乙醇,26 mL CW1 Solution 中加入 34 mL 无水乙醇,18 mL CW2 Solution 中加入 42 mL 无水乙醇)。每次使用前请检查 Buffer CL 是否出现沉淀,如有沉淀,请于 56 ℃溶解沉淀后使用。

四、实验流程

DNA 提取的流程如图 3.1 所示。

图 3.1 DNA 提取流程图

五、实验步骤

(1) 样品处理:含无核红细胞的血液样品(如人血液):取 50~100 μL 含无核红细胞的血液样品加入到 1.5 mL 离心管中,再加入 150~100 μL PBS Solution,使总体积为 200 μL,混匀。

(2) 加入 20 μL Proteinase K,混匀。再加入 200 μL Buffer CL,震荡混匀,56 ℃水浴 10 min。

(3) 向上述离心管中加入 200 μL 的无水乙醇,充分颠倒混匀。

(4) 将吸附柱放入收集管中,用移液器将溶液和半透明纤维状悬浮物全部加入吸附柱中,静置 2 min,再从 10 000 r/min 转速室温下离心 1 min,倒掉收集管中废液。

(5) 将吸附柱放回收集管中,向吸附柱中加入 500 μL CW1 Solution,以 10 000 r/min 转速离心 30 s,倒掉废液。

(6) 将吸附柱放回收集管中,向吸附柱中加入 500 μL CW2 Solution,以

10 000 r/min 转速离心 30 s,倒掉废液。

（7）将吸附柱重新放回收集管中,以 12 000 r/min 转速室温下离心 2 min,离去残留的 CW2 Solution。

（8）取出吸附柱,放入一个新的 1.5 mL 离心管中,加入 50 μL CE Buffer 静置 3 min,12 000 r/min 转速室温离心 2 min,收集 DNA 溶液。提取的 DNA 可立即进行下一步实验或 -20 ℃保存。

六、实验结果与分析

取 8～10 μL 基因组 DNA,并加入上样缓冲液,混匀,加样到 1% 琼脂糖凝胶点样孔中,电泳。具体实验步骤可参照"实验一　琼脂糖凝胶电泳"。

七、注意事项

（1）因为 DNA 的一级结构是分子生物研究的基础,所以应尽量保证 DNA 的完整性。

（2）尽量去除多余杂质,如蛋白、脂类、多糖、有机溶剂等,以确保下游实验的顺利进行。

（3）试剂盒于常温下运输,室温（15～25 ℃）下保存,有效期见包装,4 ℃下保存时间更长。

（4）该试剂盒中含有刺激性的化合物,操作过程中应穿上实验服,戴好乳胶手套,避免沾染皮肤、眼睛和衣服,防止吸入口鼻。沾染皮肤或眼睛后,请立即用清水或生理盐水冲洗,必要时寻求医生的帮助

八、知识链接

DNA 的提取通常用于构建文库、Southern 杂交（包括 RFLP）及 PCR 分离基因等。利用 DNA 较长的特性,可以将其与细胞器或质粒等小分子 DNA 分离。加入一定量的异丙醇或乙醇,大分子 DNA 即沉淀形成纤维状絮团飘浮于其中,可用玻棒将其取出,而小分子 DNA 则只形成颗粒状沉淀附于壁上及底部,从而达到提取的目的。在提取过程中,染色体会发生机械断裂,产生大小不同的片段,因此分离 DNA 时应尽量在温和的条件下操作,如尽量减少酚/氯仿抽提、混匀时要轻缓,以保证得到较长的 DNA。一般来说,构建文库时,初始 DNA 长度必须在 100 kb 以上,否则酶切后两边都带合适末端的有效片段很少。而进行 RFLP 和 PCR 分析时,DNA 长度可短至 50 kb,在该长度以上,可保证酶切后产生 RFLP 片段（20 kb 以下）,并可保证包含 PCR 所扩增的片段（一般在 2 kb 以下）。

不同生物(植物、动物、微生物)的 DNA 的提取方法有所不同;不同种类或同一种类的不同组织因其细胞结构及所含的成分不同,分离方法也有差异。在提取某种特殊组织的 DNA 时必须参照文献和经验建立相应的提取方法,以获得可用的 DNA 大分子。尤其是组织中的多糖和酶类物质对随后的酶切、PCR 反应等有较强的抑制作用,因此用富含这类物质的材料提取 DNA 时,应考虑除去多糖和酚类物质。

实验四 Bt-176 转基因玉米的实时荧光定量 PCR 检测

一、实验目的

(1) 了解 Bt-176 转基因玉米的基因特征和食用安全性。
(2) 掌握植物基因组 DNA 提取方法。
(3) 掌握 Bt-176 转基因玉米的实时荧光定量 PCR 检测方法。
(4) 学会分析荧光定量 PCR 检测结果。

二、实验原理

随着转基因作物的大量种植及应用,转基因产品开始大量进入我们的生活。在还不能确定转基因作物及其产品对人类健康和生态环境是否存在潜在的不利影响之前,对其检测非常重要。因此,各国转基因标识制度相继建立,对转基因检测技术的特异性和准确性提出了严格的要求,转基因检测技术也成为研究热点。PCR 检测具有高灵敏度、高特异性和高效性的特点,是目前检测转基因农作物和食品中转基因成分最为成熟和广泛应用的方法。

在转基因玉米中导入的外源基因主要有 CaMV35S 启动子、NOS 终止子、*Bt* 基因、*hpt* 基因等。转基因玉米 Bt-176 是先正达公司开发的抗虫且耐草铵膦除草剂的转基因玉米品种,是利用基因工程技术分别将苏云金芽孢杆菌(*Bacillus thuringiensis*)亚种 *kurstaki* 的 *Cry1A(b)* 基因、土壤细菌(*Streptomyces hygroscopicus*)的 *bar* 基因等外源基因导入玉米中而获得的抗玉米螟和耐草铵膦转基因品种。*Cry1A(b)* 基因表达产生特异性杀虫晶体蛋白(insecticidal crystal protein,ICP),在特定 pH 条件下激活,通过与鳞翅目害虫肠上皮细胞受体特异结合,导致细胞膜穿孔。同时也可产生毒性协同作用,使整个细胞失去平衡,最终导致鳞翅目害虫死亡。*bar* 基因主要作为选择性标记物,可产生 PAT 酶(phosphino-thricin acetyl transferase),提高抗除草剂草铵膦的能力。

目前国际上有关转基因产品的检测方法包括定性 PCR、ELISA 和实时荧光定量 PCR。实时荧光定量 PCR 检测方法应用最广,实时荧光 PCR 的 TaqMan 技术是在普通 PCR 原有的一对特异性引物基础上,增加了一条特异性的荧光双标记探针。一个标记在探针的 5′ 端,称为荧光报告基团;另一个标记在探针的 3′ 端,称为荧光淬灭基团。两者可构成能量传递结构,即 5′ 端荧光报告基团所发出的荧光可被荧光淬灭基团吸收或抑制。当二者距离较远时,抑制作用消失,报告基团荧光信号增强。荧光信号随着 PCR 产物的增加而增强。实时定量 PCR 方法就是利用此原理,在 PCR 过程中,连续不断地检测反应体系中荧光信号的变化。当信号增强到某一阈值时,此时的循环次数(Ct 值)就被记录下来。该循环参数(Ct 值)和 PCR 体系中起始 DNA 量的对数值之间有严格的线性关系。利用阳性标准品的 Ct 值,再根据样品的 Ct 值就可以准确确定起始 DNA 的数量。

三、实验仪器、材料与试剂

1. 仪器

ABI PRISM 定量 PCR 仪(美国 ABI 公司生产),高速离心机,Biodrop 核酸检测仪,移液器(1 000 μL,200 μL,100 μL,20 μL,10 μL)。

2. 材料与试剂

1.5 mL 离心管、2 mL 离心管、八连管、冰盒、记号笔等,核酸共沉剂试剂盒(Takara)、Bt-l76 转基因玉米 PCR-荧光探针定量检测试剂盒(迪澳生物),Tris-EDTA 缓冲液,灭菌双蒸水,枪头(蓝、黄、白),室温无水乙醇,室温 70% 乙醇等。本实验所用材料为转基因玉米阳性样品 Bt-176 及非转基因玉米阴性对照,由瑞士先正达公司提供。

四、实验流程

Bt-176 转基因玉米的检测流程如图 4.1 所示。

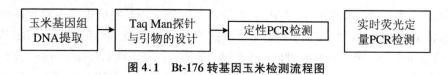

图 4.1　Bt-176 转基因玉米检测流程图

五、实验步骤

1. 玉米基因组 DNA 提取

采用北京鼎国有限公司生产的 GMO 基因组 DNA 提取试剂盒并按照操作说

明进行,浓度测定采用紫外分光光度法。

2. 实时荧光 PCR 定量检测

(1) 反应体系:使用迪澳生物公司生产的 Bt-176 定量检测试剂盒(PB202L),25 μL 体系中含反应液 20 μL,模板 DNA 5 μL(2~3 ng)。

(2) 样品检测:将样品放在 ABI 仪器 48 孔反应板上,打开程序,设置 PCR 反应条件。荧光基团选择 FAM,淬灭基团选择 TAMRA。第一个循环为 95 ℃,10 min;后 40 个循环为 95 ℃,15 s;60 ℃,1 min,点击运行。PCR 反应结束后保存文件,分析 Bt 176 基因表达的 Ct 值。

(3) 将 Bt-176 转基因玉米标准品模板作为阳性对照组,TE Buffer 模板作为阴性对照组。另外,试剂盒中也带有阳性对照组和阴性对照组。

六、实验结果与分析

1. 质量控制

阴性对照:无 Ct 值,无"S"形扩增曲线。

阳性对照:Ct≤33,呈"S"形扩增曲线。

2. 结果检测

检测样品无 Ct 值,无"S"形扩增曲线,可报告样品为阴性;

检测样品 Ct 值≤36,有"S"形扩增曲线,可报告样品为阳性;

检测样品 Ct 值在 36~40 范围,需进行一次重复实验;若 Ct 值仍处于 36 到 40 之间且呈"S"形扩增曲线,同时阴性对照无 Ct 值,报告样品为阳性,否则报告样品为阴性。

七、注意事项

(1) 提取玉米基因组 DNA 时,严格按照说明书操作。

(2) 加样期间要更换枪头,防止样品污染。

(3) 注意荧光报告基团和荧光淬灭基团的选择。

八、知识拓展

国际上许多国家都制定了相应的法规,对转基因产品进行严格的管理,其中最重要的一项措施就是对转基因产品实行标签制度。我国于 2002 年发布《农业转基因生物标识管理办法》,规定凡是在中国境内销售的转基因大豆、玉米及其制品等必须进行标识,因此建立准确、快速、高效的转基因产品检测方法尤为重要。目前检测转基因玉米 Bt-176 的方法主要有定性 PCR 法、实时荧光定量 PCR 法(RT-

PCR)、酶联免疫吸附测定法(ELISA)等。

国际上转基因产品的检测方法中以 PCR 检测方法应用最广。而定性 PCR 检测法已被我国确定为检测转基因植物及其产品成分中是否存在转基因玉米 Bt-176 的国家标准。定性 PCR 检测方法的原理是根据转基因抗虫和耐除草剂玉米 Bt-176 转化体特异性序列设计特异性引物,对试样进行 PCR 扩增。依据是否扩增获得预期 570 bp 的 DNA 片段检测试样中是否含有 Bt-176。

酶联免疫吸附测定法(ELISA)是免疫酶技术的一种,是 Nakane 于 1966 年建立的。1971 年 Engvail 等人提出了用可溶性抗原或抗体与固相载体结合,而保留免疫成分反应性的酶联免疫吸附试验。由于这种方法简便、敏感、特异,可作为多种抗原或抗体的定量测定并得到广泛应用。该方法是应用纯化的 Bt 特异性杀虫晶体蛋白作为标准蛋白和免疫抗原,通过抗体—抗原—酶标抗体反应,建立了酶联免疫吸附测定法,以快速检测转基因玉米中的 Bt 表达蛋白。

实时荧光 PCR 技术是 DNA 定量技术的一次飞跃,它有效地解决了传统定量只能终点检测的局限,实现了每一轮循环检测一次荧光信号的强度,并记录在电脑软件中,实现对整个过程的实时监测。其他的转基因产品检测方法均依赖于不同程度的 PCR 后处理,容易因污染而产生假阳性。此外,凝胶电泳染色剂溴化乙啶(EB)为强致癌物质,若操作不当,会危害试验人员的健康。而 TaqMan 等荧光检测方法整个过程采用闭管检测,无需 PCR 后处理,避免了交叉污染和假阳性,也不会对操作人员的健康产生不良影响。

实验五　玉米油脂中 Bt-176 转基因的实时荧光定量 PCR 检测

一、实验目的

(1) 了解 Bt-176 转基因玉米食用油安全性。
(2) 掌握从油脂中提取基因组 DNA。

二、实验原理

近年来,价格低廉的转基因原料大量用于榨油行业,消费者长期使用含转基因成分的油脂却没有知情权和选择权。同时,转基因的安全性备受争议。针对这些情况,我国新出台的食品标签法明确规定了转基因食品必须加贴标签,因此对食用油脂进行转基因成分检测就显得尤为重要。如何检测食用油脂中是否含有转基因成分,除了检测原料外,更应从成品食用油脂中直接进行检测,而从食用油脂中提取可用于检测的核酸 DNA,是进行此项检验的关键步骤,本实验参考了文献已报道的食用油脂中提取 DNA 的方法。

由于食用油脂经过精炼等加工步骤之后,所残留的核酸被严重破坏成碎片状且含量极低。因此,提取开始前,利用 DNA 可溶于水的特性,在食用油脂中加入一定体积的 Tris-EDTA 缓冲液进行洗涤时,必须使 Tris-EDTA 缓冲液和油脂充分混匀,这一步骤对成功提取 DNA 至关重要。

转基因玉米 Bt-176 是先正达公司开发的抗虫且耐草铵膦除草剂的转基因玉米品种,是利用基因工程技术分别将苏云金芽孢杆菌(*Bacillus thuringiensis*)亚种 *kurstaki* 的 Cry1A(b)基因、土壤细菌(*Streptomyces hygroscopicus*)的 *bar* 基因等外源基因导入玉米中而获得的抗玉米螟和耐草铵膦转基因品种。Cry1A(b)基因表达产生特异性杀虫晶体蛋白(insecticidal crystal protein,ICP),在特定 pH 条件下激活,通过与鳞翅目害虫肠上皮细胞受体特异结合,导致细胞膜穿孔。同时也可产生毒性协同作用,使整个细胞失去平衡最终导致鳞翅目害虫死亡。*bar* 基因主要作为选择性标记物,可产生 PAT 酶(phosphino-thricin acetyl transferase),提高抗除草剂草铵膦的能力。

目前国际上有关转基因产品的检测方法包括定性 PCR、ELISA 和实时荧光定量 PCR。实时荧光定量 PCR 检测方法应用最广,实时荧光 PCR 的 TaqMan 技术是在普通 PCR 原有的一对特异性引物基础上,增加了一条特异性的荧光双标记探针。一个标记在探针的 5′端,称为荧光报告基团;另一个标记在探针的 3′端,称为荧光淬灭基团。两者可构成能量传递结构,即 5′端荧光报告基团所发出的荧光可被荧光淬灭基团吸收或抑制。当二者距离较远对,抑制作角消失,报告基团荧光信号增强。荧光信号随着 PCR 产物的增加而增强。实时定量 PCR 方法就是利用此原理,在 PCR 过程中,连续不断地检测反应体系中荧光信号的变化。当信号增强到某一阈值时,此时的循环次数(Ct 值)就被记录下来。该循环参数(Ct 值)和 PCR 体系中起始 DNA 量的对数值之间有严格的线性关系。利用阳性标准品的 Ct 值,再根据样品的 Ct 值就可以准确确定起始 DNA 的数量。

三、实验仪器、材料与试剂

1. 仪器

ABIPRISM 定量 PCR 仪(美国 ABI 公司),高速离心机,Biodrop 核酸检测仪,移液器(1 000 μL,200 μL,100 μL,20 μL,10 μL)。

2. 材料与试剂

1.5 mL 离心管,2 mL 离心管,八连管,冰盒,记号笔等;核酸共沉剂试剂盒(Takara),Bt-l76 转基因玉米 PCR-荧光探针定量检测试剂盒(迪澳生物),两种玉米油脂(购自某超市),Tris-EDTA 缓冲液,灭菌双蒸水,枪头(蓝、黄、白),室温无水乙醇,室温70%乙醇等。

四、实验流程

Bt-176 转基因油脂的检测流程如图 5.1 所示。

图 5.1　Bt-176 转基因油脂检测流程图

五、实验步骤

1. 玉米油脂基因组 DNA 的提取

(1) 在 2 mL 离心管中加入 1 mL 油脂及 400 μL 的 Tris-EDTA 缓冲液,颠倒混匀后,涡旋震荡 10 s(此步骤必须使 Tris-EDTA 缓冲液和油脂充分混匀)。

(2) 13 000 r/min 室温离心 5 min,去上层油脂(约 1 mL),保留下层液体。

(3) 加入 1/10 体积的 3 mol CH_3COONa(pH 5.2)溶液到上述样品中,均匀混合。

(4) 加入 4 μL 的 Dr. GenTLE Precipitation Carrier,均匀混合。

(5) 加入 2.5 倍体积的室温无水乙醇,充分混匀。

(6) 12 000 r/min 4 ℃ 离心 15 min。

(7) 加入 1 mL 室温 70%乙醇,12 000 r/min 4 ℃ 离心 5 min。

(8) 用适量的水(约 30 μL)溶解沉淀。

(9) 使用 Biodrop 核酸检测仪测定浓度。

注意:加入 Dr. GenTLE Precipitation Carrier 后不需低温放置。因为低温可能会降低回收效率,混匀后即可直接离心回收;样品体积小于 400 μL 时,加入 4 μL Dr. GenTLE Precipitation Carrier;样品体积大于 400 μL 时,可按每 100 μL 加入 1 μL Dr. GenTLE Precipitation Carrier 的比例增加使用量。

2. 实时荧光 PCR 定量检测

(1) 反应体系:使用迪澳生物公司生产的 Bt-l76 定量检测试剂盒,20 μL 体系中含 real-timeMaster mix XX μL,模板 DNA 4 μL(约 200 ng)。同时检测外源 XX 基因和内参 XX 基因表达 Ct 值。

(2) 样品检测:将样品放入 ABI 仪器 48 孔反应板上,打开程序,设置 PCR 反应条件。第一个循环为 50 ℃,2 min;95 ℃,10 min;后 40 个循环为 94 ℃,15 s;60 ℃,1 min,点击运行。PCR 反应结束后保存文件,分析结果。

(3) Bt-176 转基因玉米标准品作为模板为阳性对照组,灭菌双蒸水作为模板为阴性对照组。

六、实验结果与分析

1. 质量控制

阴性对照:无 Ct 值,无"S"形扩增曲线。

阳性对照:Ct 值≤33,呈"S"形扩增曲线。

2. 结果检测

检测样品无 Ct 值,无"S"形扩增曲线,可报告样品为阴性;

检测样品 Ct 值≤36,有"S"形扩增曲线,可报告样品为阳性;

检测样品 Ct 值在 36~40 范围,需进行一次重复实验;若 Ct 值仍处于 36 到 40 之间且呈"S"形扩增曲线,同时阴性对照无 Ct 值,报告样品为阳性,否则报告样品为阴性。

七、注意事项

(1) 提取玉米油脂基因组 DNA 时,严格按照说明书操作。

(2) 加样间要更换枪头,防止样品污染。

(3) 注意荧光报告基团和荧光淬灭基团的选择。

第三篇　发酵工程技术

实验六　酸　奶　制　作

一、实验目的

(1) 了解有益微生物在生产实践中的应用。
(2) 初步实践发酵的过程。
(3) 掌握实验室酸奶的制作方法。

二、实验原理

1. 乳酸的产生

乳酸菌在蔗糖酶的作用下将蔗糖分解成葡萄糖,葡萄糖在无氧条件下经过糖酵解途径生成丙酮酸,丙酮酸在乳酸菌的 L-乳酸脱氢酶的作用下,由还原性辅酶Ⅰ提供的两个 H 生成乳酸。

2. 酸奶的凝固

乳酸可以使牛乳中的酪蛋白胶体中的胶体磷酸钙变成可溶性磷酸钙,从而使酪蛋白胶粒的稳定性下降,并且在 pH 为 4.6～4.7 时,酪蛋白发生凝集沉淀,形成固体酸奶。

三、实验仪器、材料与试剂

1. 仪器

恒温培养箱,高压灭菌锅,电磁炉,大烧杯,带盖玻璃瓶,温度计,玻璃棒。

2. 材料与试剂

脱脂奶粉(不含抗生素),蔗糖,双歧杆菌(冻干粉,低温保存)。

四、实验流程

酸奶制作的流程如图 6.1 所示。

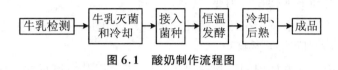

图 6.1　酸奶制作流程图

五、实验步骤

1. 牛乳检测

为了不影响蛋白质的凝胶作用,使用的牛乳的总干物质量不得低于 11.5%,非脂干物质量不得低于 8.5%。牛乳中不能有抗生素残留。

2. 器具消毒

烧杯、玻璃瓶等玻璃器皿在高压灭菌锅内灭菌 30 min。

3. 牛乳的配制、灭菌与冷却

脱脂奶粉与水按照 1∶7 的比例添加,在烧杯内混匀,加入 6.5% 的蔗糖,加热到 90 ℃,维持 10 min,并用玻璃棒不停地搅拌。将灭菌后的牛乳冷却至 43～45 ℃。

4. 接种

将冷却后的牛乳在超净工作台中接入 1%～3% 的双歧杆菌,搅拌均匀后转移至带盖的玻璃瓶中,液面距离瓶口不小于 1.5 cm,盖紧瓶盖。

5. 恒温发酵

将装有牛乳的玻璃瓶放在 40 ℃ 恒温培养箱中发酵,发酵时间控制在 8～10 h。抽样检测酸奶的酸度达到 65～70°T,流动性变差且有颗粒状物质出现即可终止发酵。

6. 冷却、后熟

将发酵好的酸奶放置在 3～5 ℃ 的冰箱里 12～24 h。冷却不仅可以抑制霉菌和酵母的生长,也可以抑制乳酸杆菌的生长,防止产酸过度。还可以降低脂肪和乳清的析出速度,延长保质期,并且能够促进香味物质的产生。

六、实验结果与分析

从酸度、口感、风味以及外观综合评价酸奶的质量。

七、注意事项

(1) 选用优质的牛奶或者脱脂奶粉,不得有抗生素和防腐剂的残留。
(2) 接种后的牛乳转移过程要快,避免染菌。
(3) 发酵温度要根据所采用的菌种来决定;不同的接种量、菌株的活性以及培养温度都对发酵时间有所影响。
(4) 由于霉菌和酵母菌的生长极限是5℃,所以冷却温度选择5℃以下。

八、知识拓展

俄国科学家梅契尼可夫在1910年指出酸牛乳中的保加利亚乳酸杆菌在人的肠道内可以抑制腐败菌的繁殖,在世界上引发人们对发酵乳的关注和消费。第二次世界大战之后,人们开始用纯的菌种发酵乳制品,使酸乳制品生产实现了工业化和规模化。20世纪60年代后期,人们逐渐认识了其他有益菌群在人体肠道内的存在和功能。

酸乳制品主要有两大类,一类称为酸奶,主要以鲜奶或奶粉和白砂糖为原料,经过乳酸菌发酵,在适宜的温度下制成的乳制品。另一类称为乳酸菌饮料,是以牛奶或奶粉为原料,加入果蔬汁、糖类等辅料,经过乳酸菌发酵后稀释成的乳制品。酸乳制品都是经过发酵后形成,使得牛乳中的乳蛋白、乳脂肪、钙、铁等更易吸收;牛乳在发酵过程中还会产生维生素B族元素,使得营养物质含量大大提高。

在制备酸乳制品的过程中添加的都是益生菌,即对人体有益的活的微生物。益生菌可以改善肠道菌群的平衡,防止细菌性腹泻,控制内毒素血症与腹泻,能够刺激肠道蠕动,防止便秘和胀气,还可以减缓乳糖不耐受患者的症状,提高人体对放射性物质的耐受性。发酵中常用的有保加利亚乳杆菌和嗜热链球菌。

实验七 甜酒制作

一、实验目的

(1) 了解霉菌和酵母菌发酵的基本原理。
(2) 掌握甜酒的实验室制作方法。

二、实验原理

酒曲中的根霉和毛霉等微生物将糊化后的淀粉糖化,糯米中的蛋白质被水解成氨基酸,酵母菌利用氨基酸及其他糖化产物生长繁殖,并通过糖酵解途径把糖转化成乙醇。

1. 糊化

淀粉是一种亲水的胶体物质,当遇水后便会发生膨胀显现。淀粉的膨胀程度随着温度的增高而增大,当淀粉的体积膨胀至原来体积的 50~100 倍时,淀粉之间的连接就明显削弱了,此时淀粉颗粒开始逐渐解体,并形成了一种均一的黏稠液体。这种淀粉膨胀的过程叫做糊化。糊化的时候淀粉颗粒的晶体从有规则的层状结构变成了无规律的网状结构,大分子的支链淀粉组成立体网状结构,中间充斥直链淀粉和短的直链淀粉分子,这种结构叫做糊精。

2. 糖化

由于酵母菌不能利用糊精来生长繁殖,所以糊精就要被进一步分解成糖来供酵母菌使用。淀粉转化为可发酵性糖的过程叫做糖化。酒曲中的霉菌产生的多种淀粉酶组成的系统以及纤维素酶、果胶酶、乳糖酶、蛋白酶等都参与糖化过程。理论上,在淀粉酶系统的作用下淀粉可以全部转化成糖,但是在实际糖化过程中,过多的糖会对酶起到反馈抑制作用,使得淀粉完全糖化需一个较长的时间,所以在甜酒制作过程中,淀粉的糖化只有一部分,供酵母生长即可,其他的部分在发酵过程中边糖化边发酵。

3. 影响霉菌生长的因素

参与糖化的霉菌主要有黑曲霉、泡盛曲霉、毛霉和根霉等经过优选的菌株。这些菌株除了自身的产淀粉酶能力外,培养基和培养条件也直接影响淀粉酶的产量和活性。

(1) 培养基的影响:应选用优质的糯米,糯米中的淀粉含量、无机元素等都会对甜酒的口感和出酒率有一定的影响。

(2) 培养条件的影响:曲霉是好氧微生物,所以在将拌有酒曲的米饭分装时不需要把带盖玻璃瓶抽真空,而且要在分装好的米饭中间留有一定的空隙,不仅可以使曲霉良好的生长,也便于排出曲霉呼吸作用产生的 CO_2 和热量。适宜的培养温度和培养时间也对各种淀粉酶的产生有很大影响。

三、实验仪器、材料与试剂

1. 仪器

蒸锅,电磁炉,玻璃棒,带盖玻璃瓶,灭菌锅。

2. 材料与试剂

糯米,酒曲。

四、实验流程

甜酒制作的流程如图 7.1 所示。

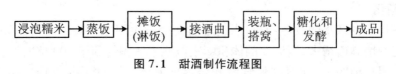

图 7.1 甜酒制作流程图

五、实验步骤

1. 浸泡糯米

将洗干净的糯米在清水中浸泡 16~24 h,使米粒充分吸水至可以用手碾碎。

2. 蒸饭

将浸泡充分的糯米捞出、沥水,放在蒸锅中蒸熟(约 30 min)。

3. 摊饭(淋饭)

将蒸好的米饭端出蒸锅,用少量蒸馏水淋在米饭上,并用玻璃棒搅拌,使米饭松散且温度降至 32~35 ℃。

4. 接酒曲

将晾凉的米饭放入干净烧杯内,再将酒曲分散的拌入米饭中,并加入少量的蒸馏水,搅拌均匀。

5. 装瓶搭窝

将搅拌均匀的米饭和酒曲混合物分装到带盖的玻璃瓶中(提前灭菌处理),并稍稍压紧米饭,用玻璃棒在米饭中间戳一个孔,以便在发酵过程中散热和出酒,最后用盖子盖紧,不能漏气。

6. 糖化和发酵

将盖好的玻璃瓶放在 30 ℃恒温培养箱中进行糖化和发酵,当瓶中孔内出酒量达到米饭的 2/3 高度时即可停止发酵,发酵时长一般为 24~48 h。

六、实验结果与分析

(1) 对甜酒从感观进行综合评价,并写出品尝体会。

(2) 观察甜酒中的微生物形态。

七、注意事项

（1）实验过程切忌污染油、污水和杂菌。

（2）米饭蒸熟后务必冷却至35 ℃以下才可以加入酒曲，防止酒曲中的微生物失活。

（3）分装后的米饭中间要留一个足够大的孔，防止发酵过程中温度过高，也利于出酒。

（4）甜酒制作属于无氧发酵，所以封装后的米饭一定要密封，不能漏气。

八、知识拓展

淀粉水解的产物大部分是葡萄糖，但是根据水解条件的不同，还有少量的麦芽糖和低聚糖，除此之外还有原料所带的蛋白质和脂肪，这些杂质不易被菌体所利用，不但降低淀粉的利用率还会影响糖化的程度。为保证糖化质量，必须严格控制淀粉的质量，对于霉变的原料要精制后使用，尽量不使用这种材料。另外，糖化液要清澈、色泽浅，能够保持一定的透光率。

在一般的发酵生产中，淀粉原料需要糖化后使用，糖化的方法主要有酸解法、酸酶法、酶酸法和双酶法。酸解法是利用无机酸在高温下将淀粉水解转化为葡萄糖的方法，这种方法对设备要求高，需要耐腐蚀、耐高温和耐高压，而且在水解过程中副产物较多，会影响糖液的纯度。酸酶法是先用无机酸将淀粉水解成糊精或者低聚糖，再用糖化酶将糊精或者低聚糖进一步糖化成为葡萄糖，这种方法中酸的用量比较少，糖液的质量相比酸解法要高得多。酶酸法与酸酶法的处理过程相反，是先用 α-淀粉酶把淀粉进行液化，去除杂质后用无机酸水解成葡萄糖，这种方法用于较粗的原料。双酶法是用两种酶先后处理淀粉的过程，首先用淀粉酶将淀粉在 85～90 ℃、pH 6.0～6.5 的条件下进行液化，再用糖化酶在 50～60 ℃、pH 3.5～5.0 的条件下进行糖化，这种方法反应条件温和，对设备要求不高，而且糖化液的质量较高，但是双酶法的缺点是反应时间长，在炎热的环境下糖也易变质，而且在后续除杂的步骤较复杂。

实验八　小型发酵罐的安装、拆卸和使用

一、实验目的

(1) 了解发酵罐的原理和功能。
(2) 熟悉发酵罐的罐体结构和管道以及控制系统。
(3) 掌握发酵的安装、拆卸和操作。

二、实验原理

主发酵设备(发酵罐)是发酵工程最重要、应用最广泛的设备,也是发酵工业中连接原料和产物的桥梁。广义的发酵罐是指能够为一个特定的生物化学过程操作提供良好而满意的环境的容器。实验室用发酵罐一般是 $1\sim50$ L 的容量,而实际生产过程使用的发酵罐多为 $50\sim5\,000$ L 的容量。

1. 发酵设备的分类

发酵设备一般分为按照微生物的生长代谢分类、发酵的特点以及操作方式来分类。

(1) 按照微生物生长代谢可以将发酵罐分为通风发酵罐和非通风发酵罐,通风发酵罐有机械搅拌式、气升式、伍式、自吸式等;非通风发酵罐一般是酒精发酵罐和啤酒发酵罐。

(2) 按照发酵罐的特点可以将发酵罐分为机械搅拌通风发酵罐和非机械搅拌通风发酵罐,机械搅拌通风发酵罐主要有伍式、文式和自吸式等;非机械搅拌通风发酵罐主要有气升式和液升式等。

(3) 按照发酵罐的操作方式可以分为分批发酵罐和连续发酵罐。分批发酵的过程中不更换也不添加培养基,这种方式操作灵活,可以进行不同产品的生产,污染杂菌的概率也很小,但是效率低,细胞培养过程中生长、代谢以及培养基的成分变化难以控制。连续发酵是在培养过程中不断向反应器中流加新鲜的培养基,同时以相同的速度和流量从反应器中流出培养液,使发酵过程中的细胞密度、产物浓度以及培养基的状态维持在一个平衡的状态。这种方式可以延长细胞培养的周期,从而增加目的产物的产量,但是发酵装置较复杂,操作不当容易污染杂菌和噬菌体。

2. 通风发酵设备

通风发酵设备又称好气性发酵罐,需要不断地通入空气以供细胞消耗,是需氧

生化反应的最基础设备。应具有良好的传质和传热性能,结构严密、可反复灭菌、不易染杂菌,有加热和冷却功能,能够加料、补料和放料,具有通气搅拌设备、良好的检测与控制系统,设备简单、方便维修以及耗能低等特点。机械搅拌通风发酵罐又称通用式发酵罐,在通风发酵设备中占据着主导地位,是利用机械搅拌器的作用,使空气和发酵液充分混合,使氧在发酵液中溶解,以供给细胞生长繁殖和代谢所需氧气。发酵液中的气泡体积越小,气泡与液体的接触面积就越大,氧的溶解速率也就越快。

3. 通用式发酵罐的基本结构

通用式发酵罐主要有罐体、搅拌器、挡板、轴封、空气分布管、消泡器以及冷却管、联轴器、轴承等结构组成。

(1)罐体:一般由圆柱体和椭圆形或者碟形的封头焊接形成,这种造型受力均匀,可以有效减少死角而且物料容易排出。材料为有一定承压能力的碳钢或者不锈钢,发酵过程中罐压约为 2.5×10^5 Pa。灌顶的接管有进料管、补料管、排气管、接种管和压力表接管。罐体上的接管有冷却水进出管、进空气管、温度计管和测控仪表接口。

(2)搅拌器:搅拌器的作用是将空气打碎成小气泡,使发酵液与气泡充分混合,增加气-液接触面积,提高氧的传质效率;并且使液体中的固形物质保持悬浮状态。搅拌轴上可以安装多个搅拌器,使液体产生径向流动为主。

(3)挡板:挡板的作用是改变液体的流向,将切向流改为轴向流,防止产生涡旋而导致搅拌器露在液体上,起不到搅拌作用;促使液体激烈的翻动,增加溶氧。挡板数目一般为4~6块,竖立的蛇管、列管、排管也可以起到挡板作用。

(4)消泡器:由于发酵液中的蛋白质容易发泡,而且外界引进的气流被机械地分散形成较多泡沫,发泡严重时会使发酵液会外溢,增加杂菌的污染且会导致产物的损失。消泡的方法一般有物理法和化学法。化学法是用天然的油脂、聚醚类以及高级醇等物质添加在发酵液中使泡沫失稳而达到消泡的目的;物理法是在发酵罐中加入机械消泡装置,靠机械力引起强烈振动或者压力变化促使泡沫破裂,常用的是耙式消泡器。

(5)联轴器和轴承:大型发酵罐的搅拌轴常分为2~3段,用联轴器使上下搅拌轴成牢固的刚性连接。为了减少震动,中型发酵罐装有底轴承,大型发酵罐装有中间轴承。

(6)空气分布装置:空气分布装置的作用是吹入无菌空气,并使空气均匀分布。分布装置的形式有单管及环形管等,常用的是单管式分布装置,环形管属于多孔管式,空气分布较均匀,但喷气孔容易被堵塞。

(7)轴封:轴封是使罐顶或者罐底与轴之间的缝隙加以密封,防止发酵液的泄露和污染杂菌。一般有填料函和端面轴封两种,目前多用端面式轴封。

(8)测量仪表:发酵罐的检测参数常有搅拌速度、罐内压力、温度、空气流量、泡沫度,此外还有pH、溶氧值、氧化还原电位等,这些检测元件必须能满足蒸汽灭菌和不能对发酵液产生污染。仪表的测量点的位置应根据罐内发酵液的流型进行合理的布点。

三、实验仪器、材料与试剂

1. 仪器

Winpact小型发酵罐及控制系统,空气压缩机,冷却水循环泵,pH电极,溶氧电极。

2. 材料与试剂

蒸馏水,硫代硫酸钠,盐酸,NaOH。

四、实验流程

小型发酵罐的使用流程如图8.1所示。

图8.1 小型发酵罐的使用流程图

五、实验步骤

1. 空气源的检查

打开空气压缩机,使储气罐内残余的气体和冷却水排出,关闭储气罐出气阀,检查压力表是否正常。

2. 发酵罐的安装和使用

(1) 检查管道、阀门是否有泄露。如有泄露,应进行调整,至无泄漏为止。

(2) 将配置好的发酵液倒入发酵罐中,盖上发酵罐的上盖,接入各检测探头并进行标定。

(3) 电极的校准。

将罐体连接控制系统,标定电极。DO电极的校准:首先在系统中选择"DO"键进入溶氧电极校准界面,将电极与连接线断开,点击系统"zero"键,此时校准溶氧电极为0%;将电极与连接线连接并放入发酵罐中,打开搅拌泵,点击系统"Span Set"键,此时校准溶氧电极为100%,最后点击"Finish"键完成校准。

pH电极的校准分别用pH 4.0和pH 7.0的标准液来校准pH电极。在系统中选择"pH"键进入pH电极校准界面,把连接好的pH电极插入pH 7.0的标准液中,等待系统显示数值稳定后,点击"zero"键,此时校准 pH 电极为 7;将 pH 电极用纯水冲洗干净并擦干,插入 pH 4.0 的标准液中,等待系统显示数值稳定后,点击"Span Set"键,此时校准 pH 电极为 4。校准好的电极用纯水冲洗干净并擦干,断开与系统的连接,装入发酵罐中待灭菌。

(4) 将装置好的发酵罐以及连接管道放在高压灭菌锅中进行 121 ℃ 灭菌 40 min。

(5) 将灭菌好的发酵罐放回固定装置上,与控制系统进行连接。进入控制系统设置转速、温度、pH、溶氧值等参数。参数设置完毕后开启控制系统。

3. 发酵罐的拆卸和清洗

(1) 发酵罐在使用前和使用后必须及时清洗,清洗时应注意电气接口不能进水,否则可能会引起电气元件的损坏或者数据测量错误。

(2) 发酵完毕放罐后或使用前发酵罐较脏,应旋下电极及各传感器的连接头,拧下罐盖周边四个螺母,小心地将罐盖垂直向上取出。取出时应注意罐盖的方向,以免在安装时装错。同时因罐盖上固定部件较多,在取罐盖时不要转动罐盖,以免相互碰撞损坏部件。罐盖取出后横置于平整的桌面上,并将其垫好,防止滚动。

(3) 在罐内加入适量的水,用软毛刷刷洗罐内部,刷洗完毕后倒尽罐内水。如果未清洗干净,重复该操作。

(4) 如果搅拌轴及机械密封装置不干净,则可用水清洗。

(5) 清洗干净后,检查罐盖与法兰之间的密封圈。将罐盖按原位轻轻放入发酵罐,拧上罐盖周围的四个螺母。

(6) 安装传感器、电机电线和插头。

(7) 在发酵罐内通入空气,检查管道及发酵罐的密封性。

4. 电极的保养和维护

(1) DO 电极:将电极置于垂直位置,拧下旧的电极膜,用蒸馏水冲洗电极体并用绵纸吸干水分。将电极膜中的电解液轻轻甩干,并用新鲜的电解液冲洗,再倒入新的电解液。将电极置于垂直位置并将电极膜轻轻拧上电极体,拧电极时要注意"进二退一原则"。将更新的电极连续通电 7 h 以上进行极化,然后进行校正。

(2) pH 电极:定期对电极进行清洗和标定。一般使用蒸馏水、0.1 mol/L NaOH 或者 0.1 mol/L HCl 对电极进行冲洗数分钟,然后将凝胶电极浸泡在 pH 为 4 的缓冲液中 3~5 h。切勿用手或者纸摩擦电极头部,防止损坏电极。

六、实验结果与分析

根据不同的发酵产物对发酵控制系统进行不同参数的设置,并设置阶段性参数。

七、注意事项

(1) 发酵罐及控制系统的使用前必须进行管道、阀门、仪表等的检查,管道、阀门无泄漏,仪表正常的情况下方可使用。

(2) 在搬动和放置发酵罐罐盖时,应抓住电极固定座,不要抓搅拌轴,以免影响机械的密封和轴的转动的稳定性。

(3) 清洗发酵罐后应轻轻地将罐盖放入发酵罐,拧螺母时四个螺母松紧应基本一致,不要太紧,否则会引起搅拌轴的倾斜和密封圈的损坏。

八、知识拓展

发酵罐是发酵设备中最重要、应用最广的设备,是发酵工业的心脏,广义的发酵罐是指为一个特定生物化学过程的操作提供良好而满意的环境的容器。工业发酵中一般指进行微生物深层培养的设备。在有些情况下,密闭容器,简单容器。发酵罐的基本特点包括有适宜的径高比;罐身越高,氧的利用率越高;发酵罐能承受一定的压力;要保证发酵液必需的溶解氧;发酵罐应具有足够的冷却面积;发酵罐内应尽量减少死角,避免藏垢积污,灭菌能彻底,避免染菌;搅拌器的轴封应严密,减少泄漏。

在工业生产中,发酵罐要满足工艺要求,有利于发酵的排出,而且要有利于设备清洗、维修以及设备制造安装方便等问题。酒精发酵的发酵罐为圆柱形,底盖和顶盖均为碟形或锥形。在酒精发酸过程中,为了回收二氧化碳气体及其所带出的部分酒精,发酵罐宜采用密闭式。罐顶装有入孔、视镜及二氧化碳回收管、进料管、接种管、压力表和测量仪表接口管等。罐底装有排料口和排污口;罐身上、下部装有取样口和温度计接口。对于大型发酵罐,为了便于维修和清洗,往往在近罐底也装有入孔。中小型发酵罐多采用罐顶喷水淋于罐外壁表面进行膜状冷却;大型发酵罐的罐内装有冷却蛇管或罐内蛇管和罐外壁喷洒联合冷却装置。为避免发酵车间的潮湿和积水,要求在罐体底部沿罐体四周装有集水槽。采用罐外列管式喷淋冷却的方法,具有冷却发酵液均匀、冷却效率高等优点。

传统的啤酒发酵设备是由分别设在发酵间的发酵池和贮酒间内的贮酒罐组成的。目前圆筒体锥底罐在露天大罐工艺中使用最为普遍,简称露天锥形发酵罐。发酵罐锥底角,考虑到发酵中酵母自然沉降最有利,取排出角为 $73°\sim75°$(一定体积沉降酵母在锥底中占有最小比表面积时摩擦力最小),对于贮酒罐,因沉淀物很少,主要考虑材料利用率,常取锥角为 $120°\sim150°$。

实验九 发酵罐中培养基的灭菌及接种

一、实验目的

(1) 熟悉发酵罐的结构和操作。
(2) 掌握发酵罐中培养基的配制和灭菌。
(3) 了解发酵罐接种的操作过程。

二、实验原理

发酵罐染菌的原因主要是空气质量差,设备出现泄漏以及灭菌、接种等操作失误造成。在发酵生产中,培养基的灭菌时间是根据嗜热脂肪芽孢杆菌在 120 ℃、15 min 条件下被杀灭 99.99% 拟定的,实际上未达到活菌残留数为 10^{-3} 的无菌标准,但是培养基灭菌仅要求杂菌不影响正常发酵即可,同时营养成分不受过多的破坏,因此此条件可以作为参考。

1. 合理调配培养基

培养基所用的原料应无发霉、腐败变质,配制成的液体培养基应无残渣或料块,否则容易灭菌不彻底。

2. 保证灭菌温度和时间

为了杀灭芽孢,灭菌温度应达到 121 ℃,维持 15~30 min。为了保证设备的灭菌也能达到足够的温度,凡是管道排气口都应连接细长管,以保证出气阀门具有 100 kPa 以上的蒸汽压力,达到规定的灭菌温度。如果因蒸汽供应少导致灭菌温度偏低,则应按需延长灭菌时间。

3. 保证设备无积污和渗漏

种子罐和发酵罐内残留染菌料液,尤其液面以上部位及罐内热管和罐内部件缝隙残留污物最难洗净,须用高压水流和工具除污,否则残留污料内部杂菌不易彻底杀灭。小型罐内不易清除的污物还可以用水煮泡清除。管道和阀门内的污物只能冲洗或拆洗。至于发酵罐及其管路的渗透,因容易遭染杂菌侵染,更应事先检查和修复。管路连接处渗漏而致染菌,原因可能是灭菌结束时未及时进行无菌空气保压,蒸汽冷凝产生负压,管路从渗漏处抽吸外界空气;更多情况是灭菌结束后急剧排放罐内蒸汽,蒸汽快速流动产生负压使管外空气窜入管内。罐顶轴封和截止阀的阀杆渗漏而招致的染菌,也是高压蒸汽急剧排出时产生负压所致。

4. 保证流动蒸汽质量

灭菌所用蒸汽应是饱和蒸汽,且符合饱和蒸汽含水量,否则蒸汽带水多,灭菌难彻底。此外蒸汽应有稳定、足够的压力,主管道不低于 500 kPa,支管道不低于 300 kPa,否则蒸汽压力会因输送管道长而降低,或者蒸汽使用前冷凝水未排尽而压力不足,均会导致灭菌不彻底。

5. 尽量减少泡沫

泡沫传热差,内藏杂菌难以杀灭。为了减少泡沫生成,各管路进汽量应保持一致,并控制总蒸汽压力,使进汽量和排汽量平衡,保持稳定的灭菌压力;应避免进汽太猛,使培养基急剧膨胀,空气排出慢,产生大量泡沫;易起泡的原料应在灭菌后再加入培养基中,或经水解处理后加入培养基中;灭菌时应绝对避免泡沫升至罐顶,液面不能被泡沫覆盖,要能见到料液在翻动;灭菌结束时应防止冷却太猛而使罐压下降过快,泡沫猛增,必要时可减少空气流量或停止搅拌,以减少泡沫的生成。

6. 正确进行空气保压

灭菌结束时,应暂时停止进汽,待罐压降至低于净化空气压力时立即进气保压;管路灭菌结束时,应将管内残余蒸汽排入罐压较高的罐内,空气进管内保压。否则会因蒸汽冷凝或急剧排汽导致轴封和管路等渗透处倒吸外界空气。移种、补料等管理宜在停止进汽后立即进行。空气过滤器及其无菌管路需吹干后保压。

三、实验仪器、材料与试剂

1. 仪器

Winpact 小型发酵系统,空气压缩机,冷却水循环泵,高压蒸汽灭菌锅,干燥箱,超净工作台,恒温摇床,接种环,移液枪,1 000 mL 三角瓶和 500 mL 三角瓶,试管,打火机。

2. 材料与试剂

发酵菌株,葡萄糖,尿素,$MgSO_4$,K_2HPO_4,玉米浆,$FeSO_4$,$MnSO_4$,消泡剂,酒精。

四、实验流程

发酵罐中培养基的灭菌和接种流程如图 9.1 所示。

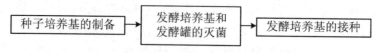

图 9.1　发酵罐中培养基的灭菌和接种流程图

五、实验步骤

1. 种子培养基的配制

斜面培养基：培养基配制后 0.1 MPa 灭菌 30 min 后，斜面摆放。

一级种子培养基：配制培养基，分装至 500 mL 三角瓶中，0.1 MPa 灭菌 30 min。

二级种子培养基：配制培养基，分装至 1 000 mL 三角瓶中，0.1 MPa 灭菌 30 min。

2. 发酵培养基的配制与灭菌

按照配方配制发酵培养基，5 L 的发酵罐定容到 3 L，实际配料时定容到预定体积的 75%左右，另 25%体积为种子液和补料液。配好后的发酵罐插入 pH 和溶氧探头，用牛皮纸扎好各接口。将发酵罐、管道、消泡剂、补料液等材料放入灭菌锅中 121 ℃灭菌 40 min。

3. 发酵种子液的制备

斜面培养的目的在于将保存的菌株进行活化，将保存的菌种画线接种到新制备的斜面上，37 ℃培养 24 h，制成斜面菌种。

一级种子的培养目的在于制备大量高活性的菌体。500 mL 三角瓶中装 150 mL 培养基，接种量为一支斜面接一瓶。30~32 ℃摇床培养 12 h，转速为 170~190 r/min。一级种子质量标准：pH 6.4±0.1；ΔOD_{560}（560 nm 光密度净增值）＞0.5。

二级种子的培养目的是制备和发酵罐体积及培养条件相称的高活性菌体。1 000 mL三角瓶装 300 mL 培养基，每组 3 瓶。接种量为 1%~5%，振荡培养 7~8 h。二级菌种质量标准：pH 7.2；ΔOD_{560}＞0.5；无杂菌；无噬菌体。

4. 发酵培养基的接种

接种采用火焰封口法。接种时，先缓慢将罐压降低至 0.01 MPa，关小进气阀，在接种口旁倒少许酒精，用钳子逐步打开罐顶的接种口，并将盖子放置在有 75%酒精的培养皿内，防止污染。将制备好的二级种子液在火焰封口下倒入发酵罐内，盖上接种阀并旋紧，接种量为 10%。

六、实验结果与分析

接种后应立即取样检测发酵液的菌体数量、形态，以及检查噬菌体是否存在。

七、注意事项

（1）由于小型发酵罐在灭菌锅中进行灭菌，所以发酵罐各个接口都要包扎严密,通气过滤膜和通气软管也要进行灭菌。

(2) 接种时,要快速的将种子液倒入发酵罐内,防止接种口的火焰将种子液的瓶口烧的过热,使菌株失活。

八、知识拓展

在发酵过程中除了杂菌的污染,还经常存在噬菌体的污染,噬菌体会使生产菌体发生自溶,而杂菌的污染会消耗大量的营养,使生产菌株营养不足,或者使代谢过程被影响而抑制产物的形成,还有可能杂菌会破坏发酵产物,而造成目的产物的损失。由此可见,在发酵过程中必须防止噬菌体和杂菌的污染。

防治噬菌体的危害最简单的方法就是使用能够抗噬菌体的菌种,也可以轮换使用对噬菌体不敏感的菌种。选育和使用抗噬菌体的菌株是一种经济而有效的防治手段,选育的方法应首先考虑抗性和生产能力,第二应考虑发酵过程和产物提取的要求,利用噬菌体处理敏感菌株可以得到抗性的突变菌株,也可以使用物理和化学诱变剂或多种理化因子复合处理得到突变菌株。

利用药物也可以有效的防治噬菌体的污染。目前使用较多的药物一类是阻止噬菌体吸附的药物,大多为螯合剂;另外一类是抑制噬菌体蛋白质合成或阻断其复制的药物,大多为抗生素类药物;除此之外,还可以使用染料、抗坏血栓、杂蒽类药物进行防治。使用药物进行防治时要首先考虑药物的安全要求,对人体健康有害的药物以及对生产菌株有害的药物不应考虑使用。另外,选择药物时还应考虑到有效性和实用性。

采取以环境净化为中心的综合防治措施可以有效地避免噬菌体的污染,也是防治噬菌体危害的根本措施。综合措施中最关键的措施是对净化空气高温处理杀灭噬菌体,严格进行无菌操作,向罐体通入高效的过滤空气。在发酵过程中应定期检查噬菌体,包括空气在内的环境,以便及时采取防治措施。严禁向环境中排放污染噬菌体的发酵液、水以及种子液等,所有污染的液体都必须加热到 80 ℃ 以上再进行排放,设备和管路也应进行高温处理,彻底杀灭噬菌体。发酵的房间及周边的环境可以定期喷洒消毒液或者定期用甲醛和高锰酸钾熏蒸处理,发酵的设备及其管路在任何时候都应保持正压力,并保证无渗漏,以免外界空气进入。

在发酵前期若发现噬菌体的污染可以采取一定的补救措施。并罐法即将其他罐 16~18 h 的发酵液以等体积混合后再进行发酵,这种方法是利用新鲜发酵液中活力旺盛的菌种使其成为优势菌株。还可以使用菌株轮换或者用抗性菌株替换的方法进行补救,在前期发现噬菌体后,停止搅拌、降低通风量、降低罐内 pH,立刻轮换菌种,并补加部分碳源和维生素,再开始正常的发酵。若发酵中后期感染噬菌体,就只能采取放罐处理。

实验十　谷氨酸发酵

一、实验目的

(1) 了解发酵条件对产物的影响,用单因子实验找出菌株的最佳发酵条件。
(2) 掌握谷氨酸提取和检测的方法。

二、实验原理

谷氨酸又名 L-谷氨酸、麸氨酸,白色或无色鳞片状晶体,微酸性。

谷氨酸的生物合成途径是:谷氨酸产生菌将葡萄糖经糖酵解途径(EMP 途径)和己糖磷酸支路(HMP 途径)转化为丙酮酸,再氧化成乙酰辅酶 A,然后进入三羧酸循环(TCA 途径),产生 α-酮戊二酸。α-酮戊二酸在谷氨酸脱氢酶的催化下以及 NH_4^+ 存在的条件下,产生谷氨酸。

在发酵过程中,当生物素缺乏时,菌种生长缓慢;当生物素过量时,则转为乳酸发酵。因此,一般讲生物素控制在亚适量的条件下,才能得到高产量的谷氨酸。谷氨酸生产采用甘蔗糖蜜、甜菜糖蜜或者淀粉水解糖为原料,产酸率为 10%,转化率为 60%。

1. 原料处理

谷氨酸发酵生产通常以淀粉水解糖为原料,淀粉水解糖的制备一般有酶水解法和酸水解法。

酶水解工艺:采用耐高温的 α-淀粉酶,最适温度 93~97 ℃,可耐 105 ℃高温,最适 pH 为 6.2~6.4,加入 $CaCl_2$ 调节 Ca^{2+} 浓度至 0.01 mol/L,酶的用量为 5 U/g,液化程度为 DE 值保持在 10~20 之间,终点以碘液显色控制。液化结束后,采用螺旋板降热器降温至 50~60 ℃,加入糖化酶,调节 pH 至 4.5~5.5,酶的用量为 80~100 U/g 淀粉,当葡萄糖含量达到 96%以上时,100 ℃加热 5 min 将酶灭活。

酸水解工艺:干淀粉用水调成淀粉乳,用盐酸调节 pH 至 1.5 左右,然后直接用蒸汽加热,水解压力为 $30×10^4$ MPa,时间为 25 min 左右。冷却糖化液至 80 ℃,用 NaOH 调节 pH 至 4.0~5.0,使糖化液中的蛋白质和其他胶体物质沉淀析出。然后再用粉末状活性炭脱色,用量为淀粉的 0.6%~0.8%,在 70 ℃、酸性环境下搅拌,最后在 45~60 ℃下过滤得到淀粉水解液。

2. 菌种扩大培养

谷氨酸产生菌扩大培养的工艺流程为:斜面接种→三角瓶培养→一级种子培

养→二级种子培养→发酵罐。

3. 谷氨酸发酵生产

谷氨酸发酵初期,菌体 2～4 h 后进入对数生长期,代谢旺盛,糖耗快,须流加尿素以供给氮源并调节培养液的 pH 7.8～8.0,菌体浓度同时保温 30～32 ℃。本阶段主要是菌体生长,几乎不产酸,菌体内生物素含量由丰富转为贫乏,时间约 12 h。随后转入谷氨酸合成阶段,此时基本不变,α-酮戊二酸和尿素分解后产生的氨合成谷氨酸。这一阶段应及时流加尿素以提供氨以及维持谷氨酸合成的最适 pH 7.2～7.4,需要最大通气量,并将温度提高到谷氨酸合成最适合温度 34～37 ℃。发酵后期,菌体衰老,糖耗慢,残糖少,需减少流加尿素的量。当营养物质耗尽、谷氨酸浓度不再增加时,应及时放罐,发酵周期约为 30 h。

4. 谷氨酸的分离和提取

谷氨酸提取有等电点法、离子交换法、金属盐沉淀法、盐酸盐法和电渗析法等,以及联合使用的方法。国内多采用的是等电点-离子交换法。谷氨酸的等电点为 3.22,所以将发酵液用盐酸调节 pH 到 3.22,谷氨酸就可以结晶析出。晶核形成的温度一般为 25～30 ℃,等电点时搅拌之后静置沉降,再用离心法分离得到谷氨酸结晶。等电点法提取了发酵液中的大部分谷氨酸,剩余的谷氨酸可用离子交换法进一步进行分离提纯和浓缩回收。谷氨酸是两性电解质,所以与阳性或阴性树脂均能交换。当溶液的 pH 低于 3.2 时,谷氨酸带正电荷,能与阳离子树脂发生交换。目前国内多用国产 732 型强酸性阳离子交换树脂来提取谷氨酸,然后再 65 ℃ 左右,用 6%NaOH 溶液洗脱,以 pH 为 3～7 的洗脱液作为高流液,返回等电点法提取。

三、实验仪器、材料与试剂

1. 仪器

Winpact 发酵系统,空压泵,可见分光光度计,pH 计,光学显微镜,恒温培养箱,高压蒸汽灭菌锅,高速离心机。

2. 材料与试剂

谷氨酸棒状杆菌(*Corynebacterium glutamicum*),0.1%茚三酮试剂,3,5-二硝基水杨酸(DNS),NaOH,HCl,尿素。

(1) 斜面培养基:葡萄糖 0.1%,蛋白胨 1%,牛肉膏 1%,NaCl 0.5%,琼脂 2%,pH 7.0,0.1 MPa 灭菌 30 min 后,斜面摆放。

(2) 一级种子培养基:葡萄糖 2.5%,尿素 0.5%,$MgSO_4$ 0.04%,K_2HPO_4 0.4%,玉米浆 0.5%,$FeSO_4$ 2 mg/L,$MnSO_4$ 2 mg/L,pH 7.0。分装至三角瓶中,0.1 MPa 灭菌 30 min。

(3) 二级种子培养基:葡萄糖 2.5%,尿素 0.34%,$MgSO_4$ 0.04%,K_2HPO_4

0.16%,玉米浆 0.5%,pH 7.0。分装至三角瓶中,0.1 MPa 灭菌 30 min。

(4) 发酵培养基:葡萄糖 160 g/L,尿素 5 g/L,$MgSO_4$ 0.5 g/L,K_2HPO_4 1.5 g/L,玉米浆 25 g/L,$FeSO_4$ 20 mg/L,$MnSO_4$ 20 mg/L,消泡剂 0.01%,pH 7.0。

四、实验流程

谷氨酸发酵的流程如图 10.1 所示。

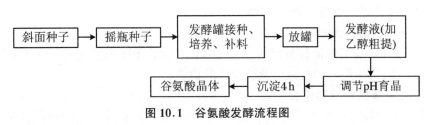

图 10.1　谷氨酸发酵流程图

五、实验步骤

1. 种子制备

斜面培养的目的在于将保存的菌株进行活化,将保存的菌种画线接种到新制备的斜面上,37 ℃培养 24 h,制成斜面菌种。

一级种子的培养目的在于制备大量高活性的菌体。500 mL 三角瓶中装 150 mL 培养基,接种量为一支斜面接一瓶。30～32 ℃摇床培养 12 h,转速为 170～190 r/min。一级种子质量标准:pH 6.4±0.1;ΔOD_{560}(560 nm 光密度净增值)>0.5。

二级种子的培养目的是制备和发酵罐体积及培养条件相称的高活性菌体。1 000 mL 三角瓶装 300 mL 培养基,每组 3 瓶。接种量为 1%～5%,振荡培养 7～8 h。二级菌种质量标准:pH 为 7.2;ΔOD_{560}>0.5;无杂菌;无噬菌体。

2. 培养基的配制和灭菌

按照配方配制发酵培养基,5 L 的发酵罐定容到 3 L,实际配料时定容到预定体积的 75%左右,另 25%体积为种子液和补料液。配好后的发酵罐插入 pH 和溶氧探头,用牛皮纸扎好各接口。将发酵罐、管道、消泡剂、补料液等材料放入灭菌锅中灭菌。灭菌后将罐体连接控制系统,标定电极。

3. 接种

接种采用火焰封口法。接种时,先缓慢将罐压降低至 0.01 MPa,关小进气阀,在接种口旁倒少许酒精,用钳子逐步打开罐顶的接种口,并将盖子放置在有 75%酒精的培养皿内,防止污染。将制备好的二级种子液在火焰封口下倒入发酵罐内,盖上接种阀并旋紧,接种量为 10%。

4. 发酵过程的控制

发酵过程中的温度控制:谷氨酸发酵 0～12 h 为菌种生长期,最适合温度在

30～32 ℃。发酵 12 h 后,进入产酸期,控制温度在 34～36 ℃。由于发酵代谢活跃,发酵罐需要注意冷却,防止温度过高引起的发酵速度迟缓。

发酵过程中的 pH 控制:发酵过程中产物的积累导致 pH 下降,而氮源(尿素)的流加可以使 pH 升高。发酵中,当 pH 下降至 7.0～7.1 时,应及时流加氮源。菌株生长期(0～12 h)控制 pH≤8.2。产酸期(12 h 后)控制 pH 在 7.1～7.2。除了流加氮源,加快搅拌速度也可以调节 pH。

放罐:当达到放罐标准后,应及时放罐。放罐标准为:残糖在 1% 以下,且糖耗缓慢(<0.15%/h)或者残糖<0.5%。

5. 发酵过程的分析

发酵过程中,实时监控发酵罐中的温度、溶氧量、pH、搅拌速度、还原糖含量、谷氨酸含量、菌株形态和数量以及噬菌体的检测。

6. 谷氨酸的提取和回收

发酵液先经过离心去除菌体后进行等电回收。氨基酸等电回收的流程如图 10.2 所示。

图 10.2 谷氨酸等电点回收流程图

六、实验结果与分析

1. 检测谷氨酸的存在

取发酵液 1 mL,稀释 50 倍后加入 0.5 mL 0.1% 的茚三酮溶液,混匀后沸水浴加热 2 min,观察颜色是否变为红色,若变成红色说明发酵液中存在谷氨酸。

2. 谷氨酸含量的测定

将发酵液离心取上清液,用蒸馏水稀释到合适浓度,取 2 mL 至 10 mL 容量瓶中,加入 8 mL 茚三酮试剂,混匀后沸水浴 20 min,冷却后 570 nm 处测其吸光值,以茚三酮试剂作空白对照。

测得的吸光值根据标准曲线查得谷氨酸含量,再根据稀释的倍数计算发酵液中实际谷氨酸含量(mg/mL)。

3. 还原糖含量的测定

取 2 mL 稀释的发酵液至 10 mL 容量瓶中,加入 DNS 试剂 2.0 mL,于沸水浴中加热 2 min 进行显色,取出后用冰浴迅速冷却,各加入蒸馏水定容至 10 mL,摇匀,在 540 nm 波长处测定光吸收值,以 2 mL 蒸馏水代替发酵液作空白对照。

测得的吸光值根据标准曲线查得还原糖含量,再根据稀释的倍数计算发酵液中实际还原糖含量(mg/mL)。

4. 标准曲线的绘制

取谷氨酸标准品,分别稀释到 1、2、3、4、5、6 mg/mL,取不同浓度的谷氨酸标准品 2 mL,置于 10 mL 的容量中,用上述相同方法测得各浓度谷氨酸的吸光值。以谷氨酸的浓度作为横坐标,相对应的吸光值为纵坐标,绘制标准曲线。

配置 0.1、0.2、0.3、0.4、0.5 mg/L 的葡萄糖标准液,取不同浓度的葡萄糖溶液 2 mL,置于 10 mL 的容量中,用上述相同方法测得各浓度葡萄糖溶液的吸光值。以葡萄糖含量(mg/L)为横坐标,光吸收值为纵坐标,绘制标准曲线。

七、注意事项

(1) 放罐的发酵液先测定放罐体积、pH、谷氨酸含量和温度。若放罐的发酵液温度高,应先将发酵液冷却到 25~30 ℃,消除泡沫后再开始调 pH。

(2) 结晶时用盐酸调 pH 至 5.0,当达到 4.5 时,应放慢加酸速度,在此期间应注意观察晶核形成的情况。当有晶核形成时,应停止加酸,搅拌育晶 2~4 h。若无晶核出现,可适当将 pH 降至 3.5~3.8 左右,继续搅拌 2 h 后继续加酸。

(3) 当 pH 达到 3.0~3.2 时,搅拌 2 h 后冷却是温度降至 0~4 ℃。

(4) 当达到等电点时,继续搅拌 16 h 以上,停止搅拌后静置 4 h,吸去上层菌液,取下层谷氨酸结晶离心、干燥。

八、知识拓展

1. 种子的质量对谷氨酸发酵的影响

种子的质量是影响发酵水平的重要因素,而种子的质量主要取决于菌种本身的遗传特性和培养条件。影响种子质量的主要因素有培养基的构成、温度、pH、溶解氧、接种量、种龄等。

种子培养基一般选择有利于菌体生长的营养成分,如氮源和维生素含量高、碳源含量少可以使菌丝粗壮并有较强的活力;如果糖分过多,菌体代谢旺盛、能够产生有机酸而使 pH 下降,这样菌体容易衰老。另一方面,种子培养基的成分要尽可能与发酵培养基接近,这样的种子一旦接入发酵罐比较容易适应。

种子培养应选择最适温度,幼龄的种子对温度变化敏感,应该避免温度的变化对种子的损害。种子培养基 pH 的变化会引起菌体酶活力的改变,对菌体的形态和代谢途径影响很大,所以种子培养基的 pH 也需要比较稳定。在发酵生产中,种子的培养时间不宜太长,一般选择在生命力旺盛的对数生长期,此时的种子适应力强,繁殖快,可以缩短发酵的调整期,提高发酵罐的利用率。

2. 发酵培养基对谷氨酸发酵的影响

发酵培养基是供给菌体生长繁殖所需要的营养和能源,也是构成谷氨酸的碳架来源。谷氨酸的发酵培养基与其他发酵工业一样，包括了碳源、氮源、无机盐、生长因子和水等。这些原料既要考虑菌体的生长繁殖，也要考虑到有利于谷氨酸的大量积累。

谷氨酸产生菌是异养微生物，只能从有机化合物中取得营养，分解有机物产生的能量供给细胞中合成反应所需要的能量。常用作碳源的物质主要有糖类、脂类、有机酸、醇类和烃类。目前所发现的谷氨酸产生菌不能利用淀粉，只能利用葡萄糖、果糖、蔗糖和麦芽糖，有些还可以利用醋酸、乙醇、正烷烃等作为碳源。

氮源是合成菌体蛋白、核酸等含氮物质和合成谷氨酸氨基的来源，在发酵过程中氮源还用于调节发酵液的pH，形成谷氨酸铵盐，所以谷氨酸发酵所用的氮源比一般发酵工业要高。在谷氨酸发酵阶段，控制碳氮比可以促进生长阶段向产酸阶段转化。在长菌阶段，过量会抑制菌体生长；在产酸阶段，NH_4^+不足，α-酮戊二酸不能还原并氨基化而积累，谷氨酸生成量少。

生物素在谷氨酸发酵生产中的作用主要是影响谷氨酸产生菌的细胞膜的通透性，同时也影响菌体的代谢途径。谷氨酸发酵最适的生物素浓度随菌体、碳源种类和浓度以及供养条件不同而调节。若生物素过量，菌体会大量繁殖而不产或少产谷氨酸，而产生乳酸或者琥珀酸；若生物素不足，菌体生长不好，耗糖慢，发酵周期长，谷氨酸产量也低。

3. 谷氨酸制味精

味精是L-谷氨酸钠且带有一个分子的结晶水，谷氨酸只是味精的半成品，谷氨酸盐须与碱进行中和反应生成谷氨酸钠，再经过脱色、除铁、除杂、压缩、结晶和分离等步骤，得到较纯的谷氨酸钠的晶体，这样不仅去除了酸味，还有很强的鲜味。

谷氨酸中和时，先把谷氨酸制成饱和溶液，再加碱进行中和。谷氨酸饱和溶液的pH接近3.2，此时溶液中大部分谷氨酸以GA^+离子形式存在，随着碱的加入，溶液pH升高，谷氨酸的电离平衡发生偏移，GA^+离子逐渐减少，GA^-逐步增加。当大部分谷氨酸都以谷氨酸一价负离子形式存在时，即为中和生成谷氨酸一钠的等电点。当溶液中的pH超过7后，溶液中的二价负离子随着pH的增加而逐渐增多，生成的谷氨酸二钠也增多。谷氨酸二钠是没有鲜味的，因此要防止谷氨酸二钠的形成。

实验十一 透明质酸合成

一、实验目的

(1) 了解发酵罐的操作,完成透明质酸的制备和提取过程。
(2) 掌握透明质酸的制备提取工艺流程。

二、实验原理

1. 透明质酸的分布、结构和性质

透明质酸(hyaluronic acid,HA),又名玻尿酸,最初从牛眼玻璃体中分离出的一种高黏性物质,是由 D-葡萄糖醛酸和 N-乙酰葡萄糖胺组成的多糖,与其他糖类相比能够携带 500 倍以上的水分,所以被目前认为是最佳的保湿物质。HA 广泛分布于人体各部位,具有润滑关节、调节血管壁的通透性、调节蛋白质、水电解质的扩散及转运、促进伤口愈合等生理功能。

2. 透明质酸的生物合成途径和代谢调节机制

HA 的制备可以从动物组织中提取,但是成本高,产量少,分离纯化复杂,逐渐被微生物发酵法所取代。微生物发酵法生产 HA 产量不受动物等原料资源限制,且品质可控;HA 在发酵液中游离存在,易于分离纯化和规模化;发酵培养参数条件可以进行控制,HA 的分子量也可以提高,而且生产成本低。链球菌是制备 HA 的优选菌种,属于兼性厌氧菌,而且在有氧条件下更利于 HA 的产生。发酵法生产 HA 就是利用链球菌在生长繁殖过程中,向胞外分泌以 HA 为主要成分的荚膜,再处理发酵液(分离纯化)而得到高纯度的优质的 HA。

多数链球菌属具有荚膜(如兽疫链球菌),这种荚膜的主要成分就是 HA。发酵法生产 HA 就是利用兽疫链球菌在生长繁殖过程中,向胞外分泌以 HA 为主要成分的荚膜,再分离纯化而得到高纯度的 HA。HA 在细胞内的合成是一个复杂的过程,有多种酶的参与,包括己糖激酶、葡萄糖磷酸变位酶、UDP-葡萄糖焦磷酸化酶、UDP-葡萄糖脱氢酶、磷酸葡萄糖异构酶、氨基转移酶、乙酰基转移酶、变位酶和 UDP-N-乙酰氨基葡糖焦磷酸化酶等。其中透明质酸合酶(hyaluronic acid synthase,HAS)是 HA 合成途径中的关键酶。HAS 包含 7 个结构区域,即 2 个 UDP 底物结合部位、2 个单糖-UDP 供给部位、2 个糖基转移酶催化位点和 1 个协助 HA 糖链跨膜的结构域。其中,2 个糖基转移酶催化位点分别具有将 UDP-葡萄糖醛酸(UDP-GlcUA)和 UDP-N-乙酰葡萄糖胺(UDP-GlcNAc)连入 HA 糖链还原端的活性。

合成 HA 的过程中,糖链还原端的最后一个单糖残基携带 UDP 基团,并结合在这种底物单糖的 UDP 结合部位上;在相应的糖基转移酶催化位点上,底物结合位点上的 UDP-单糖以共价键形式与糖链末端单糖连接,并将原糖链还原端的 UDP 基团释放。还原端 UDP-单糖残基已经改变的糖链进行移位,运动到另外一个单糖-UDP 供给部位;然后另一个 UDP 底物结合部位和相应的 UDP-单糖转移酶催化位点发挥活性,连入新 UDP-单糖,糖链再变换单糖-UDP 供给部位;依次循环,不断地将 UDP-GlcNAc 和 UDP-GlcUA 连入糖链的还原端,延长糖链。每合成二糖单位 1 mol,消 5 mol ATP、2 mol NADH 和 1 mol 乙酰辅酶 A。在游离糖链还原端不断延长的同时,糖链被挤压到细胞膜外侧,HA 糖链合成到一定长度,还原端与 HAS 分离,分泌到胞外或细菌荚膜中。

3. 透明质酸的分离纯化

从发酵液中提取 HA 的方法主要有大量稀释膜滤法、高速离心法、氯仿法和乙醇沉淀法。大量稀释膜滤法由于发酵液中菌体等杂质较多,极易造成膜孔堵塞,且大量稀释易形成操作体积过大;高速离心法对设备的要求很高;氯仿法对 HA 的回收率低对环境有污染;乙醇沉淀法是一种较为常用的实验室提取方法,但由于该法成本较高,不利于工业大规模生产。

三、实验仪器、材料与试剂

1. 验仪器

生物发酵系统,高压灭菌锅,试管,100 mL 三角瓶,高速离心机,30 ℃恒温摇床,30 ℃恒温培养箱,可见分光光度计,水浴锅,冰盒,旋转式黏度计。

2. 材料与试剂

链球菌 FYFJ-623(南京伊贝加科技有限公司)。

(1) 斜面培养基:牛肉膏 5 g/L,蛋白胨 5 g/L,酵母粉 5 g/L,琼脂 15 g/L,硫酸镁 1 g/L,磷酸氢二钾 2 g/L,葡萄糖 5 g/L,pH 调至 7。

(2) 一级种子培养基:牛肉膏 5 g/L,蛋白胨 5 g/L,酵母粉 10 g/L,硫酸镁 2 g/L,磷酸氢二钾 5 g/L,葡萄糖 20 g/L。

(3) 二级种子培养基:牛肉膏 5 g/L,蛋白胨 5 g/L,酵母粉 10 g/L,硫酸镁 2 g/L,磷酸氢二钾 5 g/L,葡萄糖 10 g/L。

(4) 发酵培养基:酵母粉 15 g/L,蛋白胨 5 g/L,硫酸镁 2 g/L,硫酸锰 0.05 g/L,磷酸氢二钾 5 g/L,硫酸锌 0.01 g/L,硫酸亚铁 0.03 g/L,葡萄糖 70 g/L。

(5) 无水乙醇、氢氧化钠、粗硅藻土、细硅藻土、三氯乙酸、针用粉状活性炭(白云山)。

四、实验流程

透明质酸合成流程如图 11.1 所示。

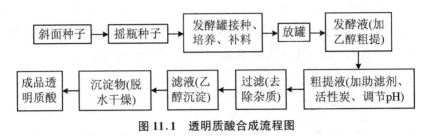

图 11.1　透明质酸合成流程图

五、实验步骤

1. 透明质酸的制备

（1）斜面培养：链球菌 FYFJ-623 无菌条件下分别接种于固体培养基上，37 ℃条件下培养 24 h。

（2）一级种子培养：将步骤 1 培养的菌种无菌条件下分别接种于液体培养基，37 ℃，200 r/min 摇床培养 10 h，pH 降至 5.0，无水乙醇沉淀有絮状物出现即可。

（3）二级种子培养：按液体培养基的体积比为 2% 接种量，将一级种子接种到 5 L 的发酵罐中，37 ℃条件下，搅拌速度为 220 r/min，通气量为 1 vvm，培养 10 h，制得二级种子。

（4）发酵培养：按液体培养基的体积比为 10% 的接种量，将二级种子接种到 50 L 的发酵罐中，37 ℃条件下，搅拌速度为 200 r/min，通气量为 0.8 vvm，从发酵 2 h 开始控制氢氧化钠质量体积比浓度为维持 pH 7.0，10 h 以后黏度达到 215 cp，将氢氧化钠质量体积比浓度从 30% 逐渐降低至 5%，维持 pH 7.0，控制发酵液黏度 280 cp，发酵 20 h，获得 HA 产品。

2. 透明质酸的提取

（1）发酵液用三氯乙酸调 pH 至 4.50～4.62，加热至 70 ℃后添加 50 mL 10 ppm/L 絮凝剂丙烯酰胺 A856，保温 30 min 后真空抽滤，得滤液。

（2）滤液加热至 80 ℃，添加 25 g 活性炭粉末，缓慢脱色 30 min。

（3）脱色液用 2.5 mol/L NaOH 溶液调 pH 至 6.5，加入 2～4 倍发酵液体积的 95% 乙醇沉淀。

（4）获得的沉淀用 0.1 mol/L NaCl 溶液洗涤 3 次后溶于发酵液等体积的 0.1 mol/L NaCl 溶液。

（5）溶液中加入 3 g/L 粗硅藻土，过滤上述溶液（重复一次），获得含 HA 的液体。

(6) 若想获得粉末,再用 3～4 倍体积的无水乙醇沉淀 3 h。
(7) 沉淀与旋转式真空干燥器中,温度为 60 ℃干燥 3 h。获得 HA 产品。

六、实验结果与分析

发酵过程中,实时监控发酵罐中的温度、溶氧量、pH、搅拌速度、还原糖含量、HA 含量、菌株形态和数量以及噬菌体的检测。计算 HA 的得率。

七、注意事项

(1) 发酵液中溶氧低于临界溶氧 30% 时,无氧呼吸造成发酵液中乙酸、乙醇含量增高,pH 降低,抑制细胞生长和产物表达;当溶氧高于临界溶氧 30% 时,细胞的耗氧速度基本保持不变,但增加生产成本。所以 DO 控制在 30% 饱和度时,有利于细胞生长和 HA 的积累。

(2) 由于菌体在生长过程中产酸使 pH 迅速下降,改变菌体的生存环境,使细胞生物量增长迅速下降。在发酵前期 4～10 h 时 pH 控制在 7.2,有利于菌体繁殖;随着时间的延长,糖已耗尽,产酸增加,pH 维持 6.8,恒温培养 36 h,有利于大量积累 HA,降低乙酸等有害物质的积累。

八、知识拓展

透明质酸的分离纯化工艺过程总体上可以概括为发酵液的预处理→分离(初步纯化)→纯化→干燥→成品。

1. 预处理

预处理是在分离纯化前对发酵液进行灭酶、灭菌、除菌的工艺。对于一些非透明质酸酶缺陷型菌株发酵所得的发酵液,通过预处理可以杀灭透明质酸酶,减少 HA 分子量的降低。杀灭发酵液中的菌体通常加入杀菌剂,常用的杀菌剂包括三氯乙酸、氯仿等。

三氯乙酸可以溶解细胞上的脂类物质,使细胞破坏,从而起到灭菌和抑制酶活力的作用。氯仿和三氯乙酸的作用类似,能够使 HA 逐渐从细胞膜上脱落,使蛋白质变性沉淀,并能渗入细胞膜,除去细菌内毒素等致炎物质,使 HA 产品安全性提高。而采用加热进行灭菌,灭菌温度一般为 75～80 ℃。

采用过滤法除去菌体,使用硅藻土作吸附剂时的滤液浊度和终滤液 HA 收率优于活性炭。在 HA 发酵结束后,发酵液经灭菌,再将发酵液加入工业乙醇得到 HA 粗品沉淀,以 20 g/L 的浓度溶于去离子水,加入硅藻土,充分搅拌以吸附菌体杂质,在 pH 内 4.6～4.8 的条件下过滤,滤液在 pH 为 4.8 时浊度最小,在 pH 为

4.6时蛋白含量最低,蛋白含量和浊度变化趋势随 pH 改变基本一致。过滤法除菌体是物理过程,操作简便,效果明显,并且容易在工业化生产中应用。

2. 分离工艺

(1) 乙醇分离。

除去发酵液中的菌体后,需要将 HA 分离出来,这是一个初步纯化的过程。乙醇沉淀是分离各种多糖常用的一种方法,可以使 HA 有效脱水、脱色,从而提高 HA 产品品质。为了使 HA 完全沉淀,溶液中应有足够的离子强度,常加入浓度为1%左右的 NaCl 或 NaAc 以达到适宜的离子强度。乙醇添加量一般为发酵液体积的2倍。

如果乙醇添加量足够大,HA 浓度低至 0.1%也可沉淀完全。HA 溶液具有较高的黏度,乙醇沉淀时如果 HA 浓度过高,沉淀趋向于糖浆状而难以分离;如果浓度过低,所需乙醇量偏大,不利于降低成本。预处理时由于发酵液黏度较高,离心或过滤前往往要对发酵液进行稀释,HA 常因稀释而浓度较低,直接采用乙醇沉淀会消耗大量乙醇,而浓缩可以减少乙醇用量。

(2) 膜分离技术。

膜技术不仅可以用于发酵液的浓缩,将其作为一种主体技术分离、提纯发酵液中的 HA 也有一定可行性。采用 PVDF 材质的膜,对 HA 发酵液进行错流微滤和超滤,HA 浓度在一定的范围内(微滤≤1.2 g/L,超滤≤1.5 g/L),膜工艺可稳定地运行。

3. 纯化工艺

(1) 季铵盐纯化。

氯化十六烷基吡啶(CPC)是一种季铵盐类阳离子表面活性剂,它能与黏多糖分子中的聚阴离子形成络合物,此络合物在低浓度盐溶液中产生沉淀,而在高浓度的盐溶液中逐渐解离,引起 HA 与 CPC 复合物解离所需的盐浓度远比其它黏多糖与 CPC 复合物解离所需浓度要低,利用此性质可达到纯化 HA 的目的。采用 CPC 进行纯化的优点是操作简单,但 CPC 回收困难,单位价格较高,所以应用成本较高。

十六烷基三甲基溴化铵(CTAB)纯化 HA 的作用机制与 CPC 相似,但成本相对较低。将初步除去菌体和不溶性杂质的提取液中加入 CTAB,通过离心分离沉淀,并用 0.15 mol/L NaCl 洗涤沉淀,浸泡在 1.5 mol/L NaCl 溶液中过夜,CTAB·HA 复合物可解离溶解,最终可得清亮、较纯的 HA 液体。

(2) 酶解纯化。

加入蛋白酶能够使 HA 与蛋白质的络合状态解除,HA 更多地游离于溶液中,使其易于纯化。常用的蛋白酶有胃蛋白酶、木瓜蛋白酶、链酶蛋白酶等,链酶蛋白酶对接近糖蛋白质链肽键上的作用效果优于木瓜蛋白酶,而胃蛋白酶的水解作用不够彻底,往往需要配以其他酶才能见效。将除菌体后的上清液加入链酶蛋白酶作用 2 h,乙醇沉淀后再经氯仿除蛋白,HA 产量得到了较大幅度的提高,杂蛋白的含量为 2.8%,与采用氯仿三次除蛋白后的纯度相当。

(3) 过滤法纯化。

过滤法纯化易于实现工业化,能有效滤除菌体和蛋白质,对分子量影响相对要小。

(4) 离子交换层析纯化。

在进入 HA 纯化阶段后,离子交换层析等具有选择性吸附特点的层析技术往往被采用。与化学方法相比,离子交换层析分离条件温和,不引起分子结构的变化,已经成为分离提取生物大分子的有效方法。离子交换法用于纯化 HA 的关键问题是选择合适的交换树脂及相应的交换条件。

粗滤后的滤液先后流经阳离子交换树脂和 Amberlite IRA900 强碱型阴离子交换树脂,杂质吸附在树脂上,HA 不被吸附而流出,流出液直接冷冻干燥或减压干燥,可得纯度在 98%以上的 HA,其蛋白质含量为 0.3%。选择经组氨酸修饰的强碱型阴离子树脂作为离子交换剂,以增大 HA 及其所含蛋白质、核酸等各组分与交换剂相互作用的差异,选择氯化钠为洗脱剂,对 HA 粗品进行离子交换层析,纯化质量收率为 58%~61%,相对分子质量近 1.0×10^6,蛋白质含量为 0.075%。

(5) 凝胶过滤柱层析纯化。

凝胶过滤层析常在纯化阶段的后期被采用,需要根据不同分离纯化目的和 HA 分子量大小选择合适的分子筛。

采用 Sephadex G-25 凝胶过滤柱层析分离 HA 溶液中残留的 CPC 及其他杂质。将发酵液经过氯仿与正丁醇混合液除蛋白、季铵盐(CPC)复合物沉淀、DEAE 纤维素柱层析后制得的样品,配成质量分数为 0.5%的溶液,采用 Sephadex G-75 凝胶过滤柱进行层析纯化,进样量为 2.0 mL,用蒸馏水进行洗脱,洗脱速度为 6 mL/h,收集洗脱峰并冷冻干燥,HA 总收率为 59.65%,蛋白质含量为 0.075%。

第四篇 生物工程下游技术

血液是在心脏和血管腔内循环流动的一种组织。成人的血液约占体重的十三分之一，相对密度为 1.050～1.060，pH 为 7.3～7.4，渗透压为 313 mm/L。血液是由血浆和悬浮于其中的血细胞组成的，通常又称全血。将从人血管内抽出的血液注入备有抗凝剂的试管中，离心沉淀后，血液分为上、下两层：上层是淡黄色的透明液体，此为血浆；下层是红色不透明的血细胞，其中绝大部分是红细胞，表面一薄层灰白色物质为白细胞和血小板。血液的功能包含血细胞功能和血浆功能两部分，有运输、调节人体温度、防御、调节人体渗透压和酸碱平衡四大功能。血细胞是血液的有形成分，包括红细胞，白细胞和血小板三类。血浆是含有多种溶质的溶液，其中水占 91%～92%，溶质占 8%～9%，溶质中主要是血浆蛋白蛋白、营养物质、代谢产物、激素和无机盐。血浆蛋白是血浆中各种蛋白质的总称，正常成人血浆蛋白含量为 60～80 g/L，主要分为白蛋白、球蛋白和纤维蛋白原三类。

血液从血管内抽出后注入未加抗凝剂处理的试管中，任其自然凝固，其内的纤维蛋白原转变为不溶解的纤维蛋白，过一段时间后，血液凝固成血块，血块所析出的淡黄色透明液体(含微量胆色素)称为血清。血清与血浆的主要区别在于，血清不含纤维蛋白原和某些凝血因子。血浆中再加入钙离子可使其再凝，而血清则不会。临床上应根据化验检查不同需要，采集不同的血液标本(全血、血浆和血清)。人血清内主要蛋白成分为白蛋白(又称清蛋白)和球蛋白两大类。白蛋白是由肝脏合成的，含量丰富的多功能非糖基化血浆蛋白，具备多种生理功能。白蛋白是小的球形蛋白质，由 585 种氨基酸组成的(66～69 KD)，有许多带电的残基(例如赖氨酸、天冬氨酸和没有辅基的基团或者碳水化合物)，有少量的色氨酸或者甲硫丁氨酸残基。白蛋白能够维持血浆胶体渗透压的恒定，在血液循环中起到运输作用，协调血管内皮完整性，保护血细胞，调节凝血。

球蛋白是一种存在于人体中的血清蛋白，球蛋白是一种常见的蛋白，基本存在于所有的动植物体中。球蛋白是机体免疫器官制造的，球蛋白大部分由人体单核-吞噬细胞系统合成，它与人体的免疫力有关系，因此也有人称球蛋白为免疫球蛋白。球蛋白正常值为 20～30 g/L，球蛋白偏高通常是因为机体受到外来病毒的侵染，免疫系统就会来对抗外来病毒，从而导致球蛋白出现增高。球蛋白可分为 α_1、α_2、β 和 γ 四种，其中以 γ-球蛋白为主，γ-球蛋白占血清蛋白 16%，100 mL 血清中约含 1.2 g。人血浆内的免疫球蛋白(抗体)大多数存在于 γ-球蛋白中，可分为五类,即免疫球蛋白 G(IgG)、免疫球蛋白 A(IgA)、免疫球蛋白 M(IgM)、免疫球蛋白 D(IgD)和免疫球蛋白 E(IgE)。γ-球蛋白含有健康人血清所具有的各种抗体,因而有增强机体抵抗力的作用。目前医用球蛋白制剂按球蛋白来源可分为两种,一种为健康人静脉血来源的 γ-球蛋白制剂,按蛋白质含量有 10%、16%、16.5%等数种(国内制品浓度在 10%以上),其中 γ-球蛋白占 95%以上;另一种为胎盘血来源的 γ-球蛋白(人胎盘血 γ-球蛋白),即胎盘球蛋白,含蛋白质 5%,其中 γ-球蛋白占 90%以上。所以,γ-球蛋白如何进行分离纯化及鉴定显得尤为重要。

为了从人血清中分离 γ-球蛋白,首先利用清蛋白和球蛋白在高浓度中性盐溶液中(常用硫酸铵)溶解度的差异而进行沉淀分离,此为盐析法。半饱和硫酸铵溶液可使球蛋白沉淀析出,清蛋白则仍溶解在溶液中,经离心分离,沉淀部分即为含有 γ-球蛋白的粗制品。用盐析法分离而得的蛋白质中含有大量的中性盐,会妨碍蛋白质进一步纯化,因此必须去除。常用的方法有透析法、凝胶层析法等。本实验采用凝胶层析法,其目的是利用蛋白质与无机盐类之间分子量的差异。当溶液通过 Sephadex G-25 凝胶柱时,溶液中分子直径大的蛋白质不能进入凝胶颗粒的网孔,而分子直径小的无机盐能进入凝胶颗粒的网孔之中。因此在洗脱过程中,球蛋白会先洗脱出来,小分子的盐会被阻滞而后洗脱出来,从而可达到去盐的目的。脱盐后的蛋白质溶液尚含有各种球蛋白,利用它们等电点的不同可进行分离。α-球蛋白、β-球蛋白的 pI<6.0;γ-球蛋白的 pI>6.8。因此在 pH 为 6.3 的缓冲溶液中,各类球蛋白所带电荷不同。经 DEAE(二乙氨乙基)纤维素阴离子交换层析柱进行层析时,带负电荷的 α-球蛋白和 β-球蛋白能与 DEAE 纤维素进行阴离子交换而被结合;带正电荷的 γ-球蛋白则不能与 DEAE 纤维素进行交换结合而直接从层析柱流出。因此随洗脱液流出的只有 γ-球蛋白,从而使 γ-球蛋白粗制品被纯化。用上述方法分离得到 γ-球蛋白效果如何,可将纯化前后的 γ-球蛋白样品进行电泳比较鉴定,实验流程如图Ⅰ所示。

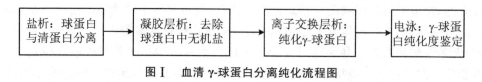

图Ⅰ 血清 γ-球蛋白分离纯化流程图

实验十二 盐析:球蛋白与清蛋白分离

一、实验目的

(1) 掌握盐析的原理。
(2) 掌握球蛋白与清蛋白分离的操作方法。

二、实验原理

蛋白质分子能稳定存在于水溶液中是因为有两个稳定因素:表面的电荷和水化膜。当维持蛋白质的稳定因素被破坏时,蛋白质分子可相互聚集沉淀而析出,蛋白质分子沉淀析出的方法很多,根据对蛋白质稳定因素破坏的不同有中性盐析法、有机溶剂法、重金属盐法以及生物碱试剂法等。盐析法的原理是:在蛋白质溶液中加入大量中性无机盐后,由于中性盐与水分子的亲和力大于蛋白质,蛋白质分子周围的水化膜减弱乃至消失;同时,加盐后由于离子强度发生改变,蛋白质表面的电荷大量被中和,从而破坏了蛋白质的胶体性质,导致蛋白质溶解度降低,蛋白质分子之间易于聚集沉淀,进而使蛋白质从水溶液中沉淀析出。

血清中蛋白质主要为清蛋白和球蛋白,由于它们分子的颗粒大小、所带电荷的多少和亲水程度不同,故盐析所需的盐浓度也不同,因此调节盐的浓度可使不同的蛋白质沉淀,从而达到分离的目的。血清球蛋白在硫酸铵半饱和状态下发生沉淀,而血清清蛋白在硫酸铵完全饱和状态下沉淀,利用此特性可把蛋白质分段沉淀下来,即在血清中加入硫酸铵至半饱和时,球蛋白可被完全沉淀,而绝大部分清蛋白保持溶解状态,离心后清蛋白主要在上清液中,沉淀的球蛋白加少量磷酸盐缓冲液可使其重新溶解,依此可将球蛋白和清蛋白分离。

三、实验仪器、材料与试剂

1. 仪器
离心机,电子天平,电冰箱,微量移液器。

2. 材料与试剂
人血清,离心管,离心管架,蓝、黄、白吸头。

(1) 饱和硫酸铵溶液:称固体硫酸铵(分析纯)42.5 g,置于 50 mL 蒸馏水中,在 70~80 ℃ 水温中搅拌溶解。将酸度调节至 pH 为 7.2,室温中放置过夜,瓶底上析出白色结晶,上清液即为饱和硫酸铵溶液。

(2) 0.0175 mol/L 磷酸盐缓冲液(pH 6.3)。

A 液:称取磷酸二氢钠($NaH_2PO_4 \cdot 2H_2O$)2.116 g,溶于蒸馏水中,加蒸馏水稀释至 775 mL。

B 液:称取磷酸氢二钠($Na_2HPO_4 \cdot 12H_2O$)1.411 g,溶于蒸馏水中,加蒸馏水稀释至 225 mL。

取 A 液 775 mL,加于 B 液 225 mL,混匀后即成。

(3) 超纯水。

四、实验流程

球蛋白与清蛋白分离的流程如图 12.1 所示。

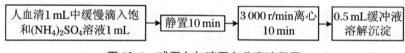

图 12.1　球蛋白与清蛋白分离流程图

五、实验步骤

(1) 取人血清 1 mL 加入离心管中,再缓慢滴入饱和$(NH_4)_2SO_4$溶液 1 mL,边加边摇。

(2) 混匀后于室温中静置 10 min,然后 4 000 r/min 离心 10 min,并小心倾去上清液。

(3) 向沉淀中加入 0.0175 mol/L 磷酸盐缓冲液(pH 为 6.3)0.5 mL,使之溶解,即得粗提的球蛋白溶液。

六、实验结果与分析

(1) 观察盐析后沉淀生成情况:在血清处于半饱和$(NH_4)_2SO_4$溶液中并静置 10 min 后,观察是否有沉淀析出,拍照存档。

(2) 保存粗提的球蛋白溶液:将已经获得的球蛋白溶液,保存于 4 ℃ 冰箱中,用于后续脱盐实验。

七、注意事项

(1) 所用人血清应新鲜,无沉淀物及细菌滋生。

(2) 在人血清中加入饱和$(NH_4)_2SO_4$溶液时,务必边加边摇,防止局部$(NH_4)_2SO_4$浓度过高导致清蛋白析出。

(3) 离心完成后去掉含有清蛋白的溶液必须清除干净,避免清蛋白残留在粗提的球蛋白溶液中。

八、知识链接

盐析法(中性盐沉淀法)

1. 盐析的概念及优缺点

盐析:在高浓度的中性盐存在时,蛋白质(酶)等生物大分子物质在水溶液中的溶解度降低,产生沉淀的过程。中性盐对蛋白质的溶解度有显著影响,一般在低盐浓度下随着盐浓度升高,蛋白质的溶解度增加,此称盐溶;当盐浓度继续升高时,蛋白质的溶解度不同程度下降并先后析出,这种现象称盐析。

(1) 优点:成本低,不需要特别昂贵的设备;操作简单、安全;对许多生物活性物质具有稳定作用。

(2) 缺点:对得到的样品欲继续纯化,需花一定时间脱盐。

2. 中性盐沉淀蛋白质的基本原理

蛋白质和酶均易溶于水,分子中的—COOH、—NH_2和—OH等亲水基团与极性水分子相互作用形成水化层,包围于蛋白质分子周围形成亲水胶体,削弱了蛋白质分子之间的作用力,蛋白质分子表面极性基团越多,水化层越厚,蛋白质分子与溶剂分子之间的亲和力越大,因而溶解度也越大。中性盐沉淀蛋白质的基本原理如下:

(1) 破坏水化膜,分子间易碰撞聚集,将大量盐加到蛋白质溶液中,高浓度的盐离子有很强的水化力,于是蛋白质分子周围的水化膜层减弱乃至消失,使蛋白质分子因热运动碰撞聚集。

(2) 破坏水化膜,暴露出疏水区域,由于疏水区域间作用使蛋白质聚集而沉淀,疏水区域越多,越易沉淀。

(3) 中和电荷,减少静电斥力,中性盐加入蛋白质溶液后,蛋白质表面电荷大量被中和,静电斥力降导致蛋白溶解度降低,使蛋白质分子之间聚集而沉淀。

3. 中性盐的选择

选用盐析用盐的几点考虑:盐析作用要强;盐析用盐需有较大的溶解度;盐析用盐必须是惰性的;来源丰富、经济。最常用的中性盐是硫酸铵,优点是溶解度大、分离效果好、不易引起变性、有稳定酶与蛋白质结构的作用、价格便宜、废液不污染环境,缺点是缓冲能力弱、具腐蚀性、含氮。

4. 盐析的操作方法

(1) 加入固体盐法:适用于饱和度高,不增大溶液体积。

(2) 加入饱和溶液法：适用于蛋白质溶液体积不大，所需调整的硫酸铵浓度不高。

(3) 透析平衡法：硫酸铵浓度变化连续，盐析效果较好。

5．盐析的影响因素

(1) 离子强度与离子类型：几种盐的盐析能力按从大到小顺序排列为：磷酸钾、硫酸钠、磷酸铵、柠檬酸钠、硫酸镁。

(2) 蛋白质浓度：当蛋白浓度增加 10 倍时，盐析时所需硫酸铵的饱和度约减小 7%。

(3) pH 的影响：蛋白质所带净电荷越多，它的溶解度就越大。改变 pH 可改变蛋白质的带电性质，因而就改变了蛋白质的溶解度。远离等电点处溶解度大，在等电点处溶解度小，因此用中性盐沉淀蛋白质时，pH 常选在该蛋白质的等电点附近。

(4) 温度的影响：温度是影响溶解度的重要因素，对于多数无机盐和小分子有机物，温度升高溶解度加大。但对于蛋白质、酶和多肽等生物大分子，在高离子强度溶液中，温度升高，它们的溶解度反而减小。在低离子强度溶液或纯水中蛋白质的溶解度大多数还是随温度升高而增加的。在一般情况下，对蛋白质盐析的温度要求不严格，可在室温下进行。但对于某些对温度敏感的酶，要求在 0～4 ℃下操作，以避免活力丧失。

6．盐析注意事项

(1) 注意饱和度表中规定的温度。

(2) 盐析后一般放置一段时间（10 min 至 1 h），待沉淀完全后才过滤或离心。

(3) 加入硫酸铵时应注意搅拌，避免局部过浓。

(4) 高浓度的硫酸铵溶液使用前需用氨水或硫酸调节至所需 pH。

实验十三　凝胶层析：去除球蛋白中无机盐

一、实验目的

(1) 掌握凝胶层析技术。

(2) 熟悉蛋白质和铵离子检测方法。

二、实验原理

用盐析法分离而得的蛋白质含有大量的中性盐，会妨碍蛋白质的进一步纯化，因此必须去除，常用的有透析法、凝胶层析法等。本实验采用凝胶层析法，该法是利用蛋白质与无机盐类之间分子量的差异除去球蛋白粗制品中的中性盐硫酸铵。当样品通过 Sephadex G-25 凝胶层析柱时，分子量较大的蛋白质因为不能通过网孔而进入凝胶颗粒，沿着凝胶颗粒间的间隙流动，所以流程较短，向前移动速度较快，最先流出层析柱；反之，盐的分子量较小，可通过网孔而进入凝胶颗粒，所以流程长，向前移动速度较慢，流出层析柱的时间较后。分段收集蛋白质洗脱液，即可得到脱盐的球蛋白。

AKTA prime plus 蛋白质纯化系统是一小型的自动的液体色谱系统，是为标准分离应用而设计的。AKTA prime plus 蛋白质纯化系统是"一箱"系统，包括用于测定 UV 和电导率、产生梯度和收集组分的部件。面板的用户界面包括 LCD 显示屏和触摸式按钮，附件 pH 检测器可以使用。AKTA prime plus 蛋白质纯化系统主要包括下列部件：

(1) 缓冲液阀和梯度转换阀（Buff valve and gradient switch valve），缓冲液阀用于选择使用缓冲溶液和系统泵施加大的样品体积，梯度转换阀用于建立梯度。

(2) 系统泵（System pump），系统泵用于经系统运送液体，如样品或缓冲溶液，将液体经缓冲液阀、梯度转换阀或经上样阀进入流动通道。

(3) 压力传感器（Pressure sensor），压力传感器可以测量在位液体压力，还可用作压力保护装置。

(4) 混合器（Mixer），混合器用于混合两元梯度，以两步将溶液混合以得到最适宜的结果，混合器的体积可以选择。

(5) 上样阀（Injection valve），上样阀用于装加样环和用于将样品注射到柱上。

(6) 检测器（Monitor），检测器的目的是测量流出柱后液体的 UV 吸收、电导率和 pH，用于这些测量的流动池安装在系统的右侧。

(7) 具有分流阀的分部收集器（Fraction collector with flow diversion valve），分部收集器用于将样品组分收集在管中供进一步分析，分流阀在废液和收集管之间转换流向。

在安装和调试完成后，AKTA prime plus 蛋白质纯化系统就可以用于蛋白纯化工作，检测器上 UV 吸收和电导率曲线峰值出现时分别是对应蛋白和盐离子的最主要流出阶段。

蛋白质远离等电点，易促使蛋白形成不溶性沉淀。磺基水杨酸为微生物碱，在酸性条件下，其阴离子可与带正电荷的蛋白质结合成不溶性蛋白盐而沉淀。奈氏试剂与铵离子作用后产生黄色或棕色（高浓度时）沉淀，主要反应式如下：

$$2HgI_4^{2-} + NH_4^+ + 4OH^- = Hg_2NI \cdot H_2O + 7I^- + 3H_2O$$

三、实验仪器、材料与试剂

1. 仪器

AKTA prime plus 蛋白纯化仪,离心机,电子天平,电冰箱,微量移液器。

2. 材料与试剂

盐析后球蛋白粗提液,1 mL 注射器,Sephadex G-25 预装凝胶层析柱,15 mL 离心管,离心管架,载玻片,蓝、黄、白吸头。

(1) 0.0175 mol/L 磷酸盐缓冲液 (pH 6.3)。

A 液:称取磷酸二氢钠($NaH_2PO_4 \cdot 2H_2O$)2.116 g 溶于蒸馏水中,加蒸馏水稀释至 775 mL。

B 液:称取磷酸氢二钠($Na_2HPO_4 \cdot 12H_2O$)1.411 g,溶于蒸馏水中,加蒸馏水稀释至 225 mL。

取 A 液 775 mL,加于 B 液 225 mL,混匀后即成。

(2) 20%磺基水杨酸。

(3) 奈氏(Nessler)试剂应用液。

溶解 5.75 g HgI_2 和 4 g KI 于水中,稀释至 25 mL,加入 25 mL 6 mol/L NaOH 溶解,静置后,取其清液,保存在棕色瓶中。

(4) 超纯水。

(5) 20%乙醇。

(6) 0.5 mol/L NaOH。

四、实验流程

去除球蛋白中无机盐的流程如图 13.1 所示。

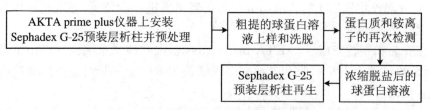

图 13.1 去除球蛋白中无机盐流程图

五、实验步骤

1. 安装层析柱及预处理

AKTA prime plus 仪器上安装 Sephadex G-25 的预装层析柱,使用 0.0175 mol/L 磷酸盐缓冲液(pH 6.3)清洗仪器及平衡层析柱,并检查管道是否通畅。

2. 上样与洗脱

用 1 mL 注射器将 500 μL 粗提的球蛋白溶液注入加样孔中,流速设置为 0.5 mL/min。使用 0.0175 mol/L 磷酸盐缓冲液(pH 6.3)洗脱样品,用离心管收集,每管 0.5 mL。观察检测器上的 UV 吸收曲线和电导率曲线,UV 吸收和电导率曲线峰值出现时记录相应的收集管号。

3. 洗脱液中蛋白质和铵离子的再次检测:

按洗脱液的管号顺序分别取 2 滴液体,滴于 2 个玻片上,第一张玻片滴加 20% 磺基水杨酸 2 滴,出现白色混浊或沉淀即有蛋白质析出,由此可估计蛋白质在洗脱各管中的分布及浓度;第二张玻片加入奈氏试剂应用液 1 滴,若产生黄色或棕色(高浓度时)沉淀即表示存在 NH_4^+。结合 UV 吸收和电导率曲线检测的峰值,可以合并蛋白含量高并且无 NH_4^+ 的各管,此即已脱盐的球蛋白溶液。

4. 浓缩(根据情况是否需要)

将脱盐后合并的球蛋白溶液量体积,每毫升加葡聚糖凝胶 G-25 干胶 0.05 g,摇动 2~3 min,离心 5 min(4 000 r/min),上清即为浓缩的脱盐球蛋白溶液,除留 30 μL 作电泳鉴定用外,其余用于 DEAE-纤维素阴离子交换柱纯化 γ-球蛋白。

5. Sephadex G-25 预装层析柱再生

脱盐实验结束后,分别用超纯水、0.5 mol/L NaOH、超纯水和 20% 乙醇冲洗 5 min 后,可以使 Sephadex G-25 预装层析柱再生,重复利用。

六、实验结果与分析

1. 观察检测器上的 UV 吸收和电导率曲线

当 UV 吸收曲线出现峰值时,说明正在收集蛋白质,记录收集管号,分析该管液体与磺基水杨酸反应是否出现白色混浊;当电导率曲线出现峰值时,说明正在收集无机盐,记录收集管号,分析该管液体与奈氏试剂反应是否产生黄色或棕色沉淀。

2. 保存浓缩后的脱盐球蛋白溶液

将已经获得浓缩后的脱盐球蛋白溶液,保存于 4 ℃ 冰箱中,用于后续纯化实验。

七、注意事项

(1) 进行粗提球蛋白样品的上样脱盐前,要保证 Sephadex G-25 的预装层析柱在 0.0175 mol/L 磷酸盐缓冲液(pH 6.3)中充分预处理。

(2) 层析时应注意及时收集样品,切勿使蛋白质峰溶液流失,并注意缓冲液不要被吸干,不要进入空气。

(3) 合并脱盐后的球蛋白溶液时,要保证管中球蛋白含量高,但不存在 NH_4^+。

八、知识链接

Sephadex G 交联葡聚糖的商品名为 Sephadex,不同规格型号的葡聚糖用英文字母 G 表示,G 后面的阿拉伯数值为每克干胶吸水量(mL)的 10 倍。例如,G-25 为每克干胶膨胀时吸水 2.5 mL,同样 G-200 为每克干胶吸水 20 mL。因此,"G"反映了凝胶的交联程度、膨胀程度及分布范围。交联葡聚糖凝胶的种类有 G-10、G-15、G-25、G-50、G-75、G-100、G-150、和 G-200,它们分别具有不同用途,具体信息如下:

(1) Sephadex G-15,葡聚糖凝胶 G-15,分离范围<1 500,适用于脱盐、肽与其他小分子的分离。

(2) Sephadex G-25,葡聚糖凝胶 G-25,分离范围 1 000～5 000,适用于脱盐、肽与其他小分子的分离。

(3) Sephadex G-50,葡聚糖凝胶 G-50,分离范围 1 500～30 000,适用于多肽分离、脱盐、清洗生物提取液、分子量测定。

(4) Sephadex G-75,葡聚糖凝胶 G-75,分离范围 3 000～80 000,适用于蛋白分离纯化、分子量测定、平衡常数测定。

(5) Sephadex G-100,葡聚糖凝胶 G-100,分离范围 4 000～150 000,适用于蛋白分离纯化、分子量测定、平衡常数测定。

(6) Sephadex G-150,葡聚糖凝胶 G-150,分离范围 5 000～300 000,适用于蛋白分离纯化、分子量测定、平衡常数测定。

(7) Sephadex G-200,葡聚糖凝胶 G-200,分离范围 5 000～600 000,适用于蛋白分离纯化、分子量测定、平衡常数测定。

实验十四　离子交换层析:纯化 γ-球蛋白

一、实验目的

(1) 掌握离子交换层析技术。
(2) 熟悉不同球蛋白在特定 pH 条件下所带净电荷情况。

二、实验原理

离子交换层析是指溶液中的离子和交换剂上的离子进行可逆的交换过程,交换剂是由带电荷的树脂或纤维素组成。带正电荷的交换剂称为阴离子交换剂;带负电荷的交换剂称为阳离子交换剂。本实验采用的 DEAE(二乙氨乙基)纤维素是一种阴离子交换剂,溶液中带负电荷的离子可与其进行交换结合,带正电荷的离子则不能,这样便可达到分离纯化的目的。

脱盐后的蛋白质溶液尚含有各种球蛋白,利用它们等电点的不同可进行分离。α_1-球蛋白、α_2-球蛋白、β-球蛋白的 pI<6.0;γ-球蛋白的 pI>6.8。因此在 pH 6.3 的缓冲溶液中,α_1-球蛋白、α_2-球蛋白和 β-球蛋白带负电荷,γ-球蛋白带正电荷,而 DEAE 纤维素带有正电荷且吸附着阴离子(纤维素—$O(CH_2)_2N^+H(C_2H_5)_2 \cdot H_2PO_4^-$)。经 DEAE 纤维素阴离子交换柱进行层析时,带负电荷的 α_1-球蛋白、α_2-球蛋白和 β-球蛋白能与 DEAE 纤维素进行阴离子交换而被结合;带正电荷的 γ-球蛋白则不能与 DEAE 纤维素进行离子交换而直接从层析柱流出。因此随洗脱液流出的只有 γ-球蛋白,从而使 γ-球蛋白粗制品被纯化。

三、实验仪器、材料与试剂

1. 仪器

AKTA prime plus 蛋白纯化仪,离心机,电子天平,电冰箱,微量移液器。

2. 材料与试剂

浓缩后的脱盐球蛋白溶液,1 mL 注射器,DEAE 纤维素预装层析柱,15 mL 离心管,离心管架,载玻片,蓝、黄、白吸头。

(1) 0.0175 mol/L 磷酸盐缓冲液 (pH 6.3)。

A 液:称取磷酸二氢钠($NaH_2PO_4 \cdot 2H_2O$)2.116 g 溶于蒸馏水中,加蒸馏水稀释至 775 mL。

B液：称取磷酸氢二钠（$Na_2HPO_4 \cdot 12H_2O$）1.411 g，溶于蒸馏水中，加蒸馏水稀释至 225 mL。

取 A 液 775 mL，加于 B 液 225 mL，混匀后即成。

(2) 20%磺基水杨酸。

(3) 超纯水。

(4) 20%乙醇。

(5) 0.5 mol/L NaOH。

四、实验流程

纯化 γ-球蛋白的流程如图 14.1 所示。

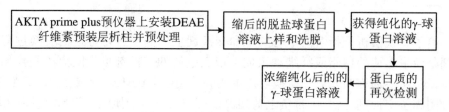

图 14.1　纯化 γ-球蛋白流程图

五、实验步骤

1．安装层析柱及预处理

AKTA prime plus 仪器上安装 DEAE 纤维素预装层析柱，使用 0.0175 mol/L 磷酸盐缓冲液（pH 6.3）清洗仪器及平衡层析柱，并检查管道是否通畅。

2．上样与洗脱

用 1 mL 注射器将 500 μL 浓缩后的脱盐球蛋白溶液注入加样孔中，流速设置为 0.5 mL/min。使用 0.0175 mol/L 磷酸盐缓冲液（pH 6.3）洗脱样品，用离心管收集，每管 0.5 mL。观察检测器上的 UV 吸收曲线，曲线峰值出现时记录相应的收集管号。

3．洗脱液中蛋白质的再次检测

按洗脱液的管号顺序分别取 1 滴液体，滴于玻片上，各滴加 20%磺基水杨酸 2 滴，出现白色混浊或沉淀即有蛋白质析出，由此可估计 γ-球蛋白在洗脱各管中的分布及浓度。结合 UV 吸收曲线检测的峰值，可以合并 γ-球蛋白含量高的各管，此即已纯化的 γ-球蛋白溶液。

4．浓缩（根据情况是否需要）

将纯化后合并的 γ-球蛋白溶液量体积，每毫升加葡聚糖凝胶 G-25 干胶 0.05 g，摇动 2~3 min，离心 5 min（4 000 r/min），上清即为浓缩的纯化 γ-球蛋白溶液,留待电泳鉴定。

5. DEAE 纤维素预装层析柱再生

纯化实验结束后,分别用超纯水、0.5 mol/L NaOH、超纯水和 20% 乙醇冲洗 5 min 后,可以使 DEAE 纤维素预装层析柱再生,重复利用。

六、实验结果与分析

1. 观察检测器上的 UV 吸收曲线

当 UV 吸收曲线出现峰值时,说明正在收集 γ-球蛋白,记录收集管号,分析该管液体与磺基水杨酸反应是否出现白色混浊。

2. 保存浓缩后的纯化 γ-球蛋白溶液

将已经获得浓缩后的纯化 γ-球蛋白溶液,保存于 4 ℃ 冰箱中,用于后续电泳鉴定实验。

七、注意事项

(1) 本法是利用 γ-球蛋白的等电点与 α_1-球蛋白、α_2-球蛋白、β-球蛋白不同,在 pH 6.3 的 0.0175 mol/L 磷酸盐缓冲液中所带净电荷也不同,用离子交换层析法进行分离的,因此离子交换层析过程中用的缓冲液 pH 要求必须精确。

(2) 进行浓缩后的脱盐球蛋白样品的上样前,要保证 DEAE 纤维素预装层析柱在 0.0175 mol/L 磷酸盐缓冲液(pH 6.3)中充分预处理。

(3) 层析时应注意及时收集样品,切勿使蛋白质峰溶液流失,并注意缓冲液不要被吸干,防止进入空气。

八、知识链接

离子交换树脂

离子交换树脂是带有官能团(有交换离子的活性基团)、具有网状结构、不溶性的高分子化合物,通常是球形颗粒物。包括阳离子交换树脂和阴离子交换树脂两大类,它们可分别与溶液中的阳离子和阴离子进行离子交换。阳离子交换树脂又分为强酸性和弱酸性两类,阴离子交换树脂又分为强碱性和弱碱性两类。

1. 强酸性阳离子交换树脂

这类树脂含有大量的强酸性基团,如磺酸基—SO_3H,容易在溶液中离解出 H^+,故呈强酸性。树脂离解后,本体所含的负电基团,如 SO_3^-,能吸附结合溶液中的其他阳离子。这两个反应使树脂中的 H^+ 与溶液中的阳离子互相交换。强酸性树脂的离解能力很强,在酸性或碱性溶液中均能离解和产生离子交换作用。树脂在使用一段时间后,要进行再生处理,即用化学药品使离子交换反应以相反方向进行,使树脂的官能基团回复原来状态,以供再次使用。如上述的阳离子树脂是用强酸进行再生处理,此时树脂放出被吸附的阳离子,再与 H^+ 结合而恢复原来的组成。

2. 弱酸性阳离子交换树脂

这类树脂含弱酸性基团,如羧基—COOH,能在水中离解出 H^+ 而呈酸性。树脂离解后余下的负电基团,如 $R-COO^-$(R 为碳氢基团),能与溶液中的其他阳离子吸附结合,从而产生阳离子交换作用。这种树脂的酸性即离解性较弱,在低 pH 下难以离解和进行离子交换,只能在碱性、中性或微酸性溶液中(如 pH 5~14)起作用。这类树脂亦是用酸进行再生(比强酸性树脂较易再生)。

3. 强碱性阴离子树脂

这类树脂含有强碱性基团,如季胺基—NR_3OH(R 为碳氢基团),能在水中离解出 OH^- 而呈强碱性。这种树脂的正电基团能与溶液中的阴离子吸附结合,从而产生阴离子交换作用。这种树脂的离解性很强,在不同 pH 下都能正常工作。它用强碱(如 NaOH)进行再生。

4. 弱碱性阴离子树脂

这类树脂含有弱碱性基团,如伯胺基—NH_2、仲胺基—NHR 或叔胺基—NR_2,它们在水中能离解出 OH^- 而呈弱碱性。这种树脂的正电基团能与溶液中的阴离子吸附结合,从而产生阴离子交换作用。这种树脂在多数情况下是将溶液中的整个其他酸分子吸附。它只能在中性或酸性条件(如 pH 1~9)下工作。它可用 Na_2CO_3、NH_4OH 进行再生。

实验十五 电泳:γ-球蛋白纯度鉴定

一、实验目的

(1) 掌握 SDS-PAGE 电泳技术。
(2) 运用考马斯亮蓝染色分析蛋白情况。

二、实验原理

十二烷基硫酸钠-聚丙烯酰胺凝胶电泳(sodium dodecyl sulfate-polyacrylamide gel electrophoresis,简称 SDS-PAGE)是以聚丙烯酰胺凝胶作为支持介质的一种常用电泳技术,聚丙烯酰胺凝胶为网状结构,具有分子筛效应,根据蛋白质亚基分子量的不同来分开蛋白质。SDS 是阴离子去污剂,作为变性剂和助溶试剂,它能断裂分子内和分子间的氢键,使分子去折叠,破坏蛋白分子的二、三级结构;而强还原剂如 β-巯基乙醇能使半胱氨酸残基间的二硫键断裂。在 SDS-PAGE 的样品和凝胶中加入还原剂和 SDS 后,分子被解聚成多肽链,解聚后的氨基酸侧链和 SDS 结合成蛋白-SDS 胶束,所带的负电荷大大超过了蛋白原有的电荷量,这样就消除了不同分子间的电荷差异和结构差异。

球蛋白是由四肽链组成的,包括两条相同的分子量较小的轻链(L 链)和两条相同的分子量较大的重链(H 链),L 链与 H 链是由二硫键连接形成一个四肽链分子,而清蛋白为单链多肽。所以,在 SDS-PAGE 电泳中,由于 SDS 和 β-巯基乙醇的作用,球蛋白呈现为两条带,清蛋白呈现为单条带。

本实验将对人血清、浓缩后的脱盐球蛋白溶液、浓缩后的纯化 γ-球蛋白溶液进行 SDS-PAGE 电泳,比较蛋白的差异情况,分析 γ-球蛋白的分离及纯化效果。人血清中主要包括清蛋白,$α_1$、$α_2$、β 和 γ-球蛋白;浓缩后的脱盐球蛋白溶液主要包括 $α_1$、$α_2$、β 和 γ-球蛋白;浓缩后的纯化 γ-球蛋白溶液主要为 γ-球蛋白。由于血清中这些蛋白的分子量不同,通过 SDS-PAGE 电泳,能够将它们区分开来,并且通过考马斯亮蓝染色直观分析 γ-球蛋白的分离及纯化情况。

三、实验仪器、材料与试剂

1. 仪器

蛋白电泳仪,蛋白电泳槽,配胶器具,离心机,电子天平,电冰箱,微量移液器,水浴锅,烘箱。

2. 材料与试剂

人血清,浓缩后的脱盐球蛋白溶液,浓缩后的纯化 γ-球蛋白溶液,离心管,蓝、黄、白吸头。

(1) 配胶及电泳试剂。

① 10%分离胶(20 mL):8 mL 蒸馏水,6.7 mL 30%丙烯酰胺,5 mL 1.5 mol/L Tris(pH 8.8)溶液,0.2 mL 10% SDS 溶液,0.2 mL 10% 过硫酸铵,0.008 mL TEMED。

② 5%浓缩胶(8 mL):5.5 mL 蒸馏水,1.3 mL 30%丙烯酰胺,1 mL 1.0 mol/L Tris(pH 6.8)溶液,0.08 mL 10% SDS 溶液,0.08 mL 10% 过硫酸铵,0.008 mL TEMED。

③ 5X 电泳缓冲液:Tris 15.1 g,Glycine 94 g,SDS 5.0 g,溶解于 1 000 mL 蒸馏水中。

(2) 5×蛋白上样缓冲液:0.25 M Tris-HCl(pH 6.8),10%(W/V)SDS,0.5%(W/V) BPB(溴酚蓝),50%(V/V)甘油,5%(W/V)β-巯基乙醇。

(3) 考马斯亮蓝染液:0.1%(W/V)考马斯亮蓝 R-250,25%(V/V)异丙醇,10%(V/V)冰醋酸。

(4) 脱色液:10%(V/V)冰醋酸,5%(V/V)乙醇。

四、实验流程

γ-球蛋白纯度鉴定的流程如图 15.1 所示。

图 15.1　γ-球蛋白纯度鉴定流程图

五、实验步骤

1. SDS-PAGE 胶准备

(1) 将配胶玻璃板安装在配胶架上,确保安装紧密,防止漏胶。

(2) 配制 10%分离胶,混匀,灌胶,用超纯水密封,室温静置 40 min。

(3) 配制 5%浓缩胶,混匀,灌胶,插入梳子,室温静置 30 min。

(4) 将含有 SDS-PAGE 胶的玻璃板从配胶架上取下,并安装在电泳槽中,等待加样。

2. 样品预处理、加样和电泳

(1) 分别取 30 μL 用超纯水稀释 5 倍的人血清、浓缩后的脱盐球蛋白溶液和浓缩后的纯化 γ-球蛋白溶液于离心管中,再各加入 5×蛋白上样缓冲液 7.5 μL,95 ℃加热 10 min 使蛋白变性。

(2) 将蛋白 Marker 和上述样品分别加入 SDS-PAGE 胶孔中。

(3) 90 V 恒压室温电泳约 15 min,当样品从浓缩胶进入分离胶后,120 V 恒压室温电泳 90 min。

3. 考马斯亮蓝染液染色

电泳结束后,将玻璃板打开,取出 SDS-PAGE 胶并放入考马斯亮蓝染液里,在 60 ℃烘箱中染色 20 min。

4. 脱色液脱色

考马斯亮蓝染色结束后,取出 SDS-PAGE 胶并放入脱色液里,室温下进行脱色,每 20 min 更换脱色液,处理 SDS-PAGE 胶至背景无色。

5. 鉴定

由于血清中的清蛋白、α_1-球蛋白、α_2-球蛋白、β-球蛋白、γ-球蛋白分子量不同,通过 SDS-PAGE 电泳能够区分开来这些蛋白,并且通过考马斯亮蓝染色直观分析 γ-球蛋白分离及纯化情况。对比三种样品蛋白条带情况,如果浓缩后的纯化 γ-球蛋白溶液只出现两条带,则纯度较高,条数越多,纯度越低。

六、实验结果与分析

1. 观察蛋白条带界限

人血清和脱盐后样品的蛋白条带之间界限是否明显,如果不明显,分析电泳过程中可能的原因。

2. 比较三种样品蛋白条带情况

与人血清样品比较,观察脱盐后和纯化后样品中条带差异。纯化后样品应该为两条带,如果低于或是超过两条带,分析可能的原因。

七、注意事项

(1) 加样过程中不同样品之间必须更换吸头,防止样品交叉污染;不同样品之间空一个加样孔,避免样品渗漏到相邻孔中影响电泳结果。

(2) 考马斯亮蓝染色时,保证染色时间精确,不能染色太久,否则脱色比较困难。

八、知识链接

SDS-聚丙烯酰胺凝胶电泳(简称 SDS-PAGE)技术首先在 1967 年由 Shapiro 建立,聚丙烯酰胺凝胶是由丙烯酰胺(简称 Acr)和交联剂 N,N′-亚甲基双丙烯酰胺(简称 Bis)在催化剂过硫酸铵(APS),N,N,N′,N′-四甲基乙二胺(TEMED)作用下,聚合交联形成的具有网状立体结构的凝胶,并以此为支持物进行电泳。

1. 电泳原理

SDS 是一种阴离子表面活性剂,能打断蛋白质的氢键和疏水键,并按一定的比例和蛋白质分子结合成复合物,使蛋白质带负电荷的量远远超过其本身原有的电荷,掩盖了各种蛋白分子间天然的电荷差异。因此,各种蛋白质 SDS 复合物在电泳时的迁移率,不再受原有电荷和分子形状的影响,只是分子量的函数。由于 SDS-PAGE 可设法将电泳时蛋白质电荷差异这一因素除去或减小到可以忽略不计的程度,因此常用来鉴定蛋白质分离样品的纯化程度,如果被鉴定的蛋白质样品很纯,只含有一种具三级结构的蛋白质或含有相同分子量亚基的具四级结构的蛋白质,那么 SDS-PAGE 后,就只出现一条蛋白质区带。

2. 特性

（1）在一定浓度时,凝胶透明,有弹性,机械性能好。

（2）化学性能稳定,与被分离物不起化学反应,在很多溶剂中不溶。

（3）对 pH 和温度变化较稳定。

（4）几乎无吸附和电渗作用,只要 Acr 纯度高,操作条件一致,则样品分离重复性好。

（5）样品不易扩散,且用量少,其灵敏度可达 10^{-6} g。

（6）凝胶孔径可调节,根据被分离物的分子量选择合适的浓度,通过改变单体及交联剂的浓度调节凝胶的孔径。

（7）分辨率高,尤其在不连续凝胶电泳中,集浓缩、分子筛和电荷效应为一体。因而较醋酸纤维薄膜电泳、琼脂糖电泳等有更高的分辨率。

3. 注意事项

（1）SDS 与蛋白质的结合按质量成比例（即:1.4g SDS /g 蛋白质）,蛋白质含量不可以超标,否则 SDS 结合量不足。

（2）用 SDS 聚丙烯酰胺凝胶电泳法测定蛋白质相对分子量时,必须同时作标准曲线。不能利用这次的标准曲线作为下次用。并且 SDS-PAGE 测定分子量有 10%误差,不可完全信任。

（3）有些蛋白质由亚基（如血红蛋白）或两条以上肽链（Q-胰凝乳蛋白酶）组成,它们在巯基乙醇和 SDS 的作用下解离成亚基或多条单肽链。因此,对于这一类蛋白质,SDS-聚丙烯酰胺凝胶电泳法测定的只是它们的相对分子量。

（4）如果该电泳中出现拖尾、染色带的背景不清晰等现象,可能是 SDS 不纯引起。

附录 《发酵工程原理与技术》课后习题及参考答案

第一章 绪 论

一、名词解释

1. 生物技术
2. 发酵工程
3. 次级代谢产物
4. 生物转化

二、填空题

1. 发酵工程根据其是否需要氧分为_____和_____两大类。
2. 细胞将从外界吸收的各种营养物质,通过分解代谢和合成代谢生成维持生命活动的物质和能量的过程,称为_____。
3. 微生物生物转化过程具有_____、_____、_____等特点。
4. 发酵工程经历了自然发酵时期、_____、_____、人工诱变育种与代谢控制发酵工程技术的建立、发酵动力学、发酵的连续化自动化工程技术的建立、与基因工程技术相结合、合成生物学框架下的发酵过程等阶段。

三、选择题

1. 下列关于发酵工程的说法,错误的是(   )。
   A. 发酵工程产品主要是指微生物的代谢产物、酶和菌体本身
   B. 可以通过人工诱变选育新菌株
   C. 培养基、发酵设备和菌种必须经过严格的灭菌
   D. 环境条件的变化既影响菌种的生长繁殖又影响菌体代谢产物的形成

2. 关于微生物的代谢产物,下列说法中正确的是(　　)。
   A. 初级代谢产物是微生物生长和繁殖所必需的
   B. 次级代谢产物是微生物生长和繁殖所必需的
   C. 初级代谢产物只在微生物生长的最初阶段产生
   D. 次级代谢产物在微生物生长的全过程都产生
3. 下列关于单细胞蛋白的叙述,正确的是(　　)。
   A. 单细胞蛋白是微生物细胞中提取的蛋白质
   B. 单细胞蛋白是通过发酵生产的微生物菌体
   C. 单细胞蛋白是微生物细胞分泌的抗生素
   D. 单细胞蛋白不能作为食品
4. 发酵工程是生物技术实现以下哪项的关键环节?(　　)
   A. 安全化　　　B. 商品化　　　C. 社会化　　　D. 产业化

四、问答题

1. 比较发酵工程与化学工程的特点。
2. 发酵工程的前提条件是什么?
3. 发酵工程的研究内容是什么?
4. 简述发酵工程的类型。

参 考 答 案

一、名词解释

1. 生物技术,有时也称生物工程,是指人们以现代生命科学为基础,结合其他基础学科的科学原理,采用先进的工程技术手段,按照预先的设计改造生物体或加工生物原料,为人类生产出所需要的产品或达到某种目的。

2. 发酵工程是利用微生物或动植物细胞的生长繁殖和代谢活动以及特定功能,通过现代化工程技术生产有用物质或直接应用于工业化生产的技术体系,是将传统的发酵与现代的DNA重组、细胞融合、分子修饰和改造等新技术结合并发展起来的现代发酵技术,是渗透有工程学的微生物学和细胞生物学,是现代生物技术产业的基础与核心。

3. 次级代谢产物是微生物在一定的生长时期,以初级代谢产物为前体、合成一些对微生物的生命活动无明确功能的物质的过程。这一过程的产物即为次级代谢产物。

4. 生物转化是指利用动植物细胞、微生物细胞或酶对一些化合物的某一特定部位进行催化修饰,使其转变成结构相似但具有更高经济价值的化合物。

二、填空题

1. 厌氧发酵,好氧发酵
2. 初级代谢
3. 催化专一性强,效率高,条件温和
4. 纯培养技术的建立,通气搅拌的好氧发酵工程技术的建立

三、选择题

1. C   2. A   3. B   4. D

四、问答题

1. 发酵工程与化学工程相比所具有的特点有以下几点:

(1) 动、植物或微生物细胞所进行的生物化学反应通常在常温、常压下进行。因此,无爆炸的危险。发酵设备虽属压力容器,但是无需考虑类似化工设备的防爆问题。

(2) 除某些动、植物细胞对培养基成分要求苛刻之外,绝大多数微生物的培养原料通常以糖蜜、淀粉等糖类化合物为主,加入少量的有机或无机氮源,不含有毒物质,一般无需精制,微生物细胞能选择地摄取所需的营养物质。

(3) 生物反应是以动、植物细胞或微生物菌体所合成的酶类催化进行的。所以,若干个反应过程能够像单一反应那样,在生物反应器中完成。

(4) 发酵过程能够较容易地合成出复杂的高分子化合物,各种酶类,选择性地生产出光学活性物质。

(5) 发酵工程中的生物转化具有高度专一性,能选择性地进行复杂化合物特定部位的氧化、还原,官能团转移或导入等。

(6) 发酵工程中生物反应是依靠动、植物细胞或微生物菌体的生长与繁殖,有些细胞本身就是发酵产物,富含多种维生素,蛋白质及酶等有用物质。所以发酵液一般对身体无害。

(7) 无菌操作是发酵工程区别于化学工程最重要的方面。整个发酵工程在无菌状态下运转,发酵设备的灭菌与空气除菌极为重要。

(8) 通过对动、植物细胞或微生物菌体进行改造,提高代谢能力,在原有设备不变的情况下,生产效率大幅度提高。

2. 进行发酵工程的前提条件包括两个重要的方面：

(1) 应具有合适的生产菌种,工业过程用微生物种源或动、植物细胞系。

(2) 应具备控制微生物,动物,植物细胞生长,繁殖,代谢的工艺条件和工业过程控制的工艺条件。

3. 发酵工程始终围绕核心问题展开。比如,如何以最小的投入,获得最大的回报。主要包括：

(1) 发酵菌种或动、植物细胞的分子改造,以及研究开发新的菌种或动、植物细胞资源。

(2) 发酵设备、发酵过程环境及营养成分的优化。

(3) 优化发酵工艺过程,优化发酵工艺参数。

(4) 优化下游技术工艺。

(5) 探索低值原料。

4. 生物发酵过程及其发酵产物的类型如下：

(1) 微生物菌体发酵：以获得具有某种用途的菌体为目的的发酵。

(2) 微生物酶发酵：微生物酶发酵具有种类多、产酶品种多、生产容易和成本低等特点。

(3) 微生物代谢产物发酵：初级代谢产物、次级代谢产物。

(4) 微生物的转化发酵微生物转化是利用微生物细胞的一种或多种酶,把一种化合物转变成结构相关的更有经济价值的产物。

(5) 生物工程细胞的发酵：这是指利用生物工程技术所获得的细胞,如 DNA 重组的"工程菌"以及细胞融合所得的"杂交"细胞等进行培养的新型发酵,其产物多种多样。

第二章　微生物反应的质能平衡与代谢产物的过量生产

一、名词解释

1. 分解代谢物阻遏
2. 反馈抑制
3. 代谢调控
4. 营养缺陷型

二、填空题

1. 在微生物反应物化学式已知的情况下,可以根据_____和_____

确定微生物反应方程式。

2. 根据培养基成分可以分为_____、_____和_____。

3. 菌体和产物的系数可以根据菌体和产物的_____来确定。

三、选择题

1. 谷氨酸棒杆菌合成天冬氨酸族氨基酸时,天冬氨酸激酶受赖氨酸和苏氨酸的(　　)。
   A. 协同反馈抑制　　B. 累积反馈抑制　　C. 顺序反馈抑制　　D. 协作反馈抑制
2. 1 moL 葡萄糖通过 EMP 和 TCA 循环彻底氧化共产生多少 moL ATP?(　　)
   A. 34　　　　B. 36　　　　C. 38　　　　D. 39
3. 关于微生物代谢产物的说法中不正确的是(　　)。
   A. 初级代谢产物是微生物生长和繁殖所必需的
   B. 次级代谢产物并非是微生物生长和繁殖所必需的
   C. 初级代谢产物在代谢调节下产生
   D. 次级代谢产物的合成无需代谢调节

四、问答题

1. 提高次级代谢产物产量的方法有哪些?
2. 克服分解代谢阻遏包含哪些措施?
3. 抗反馈突变株通常可以用什么方法筛选出来?

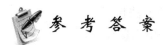
参 考 答 案

一、名词解释

1. 分解代谢物阻遏是指细胞内同时存在两种碳源(或两种氮源)时,利用快的那种碳源(或氮源)会阻遏利用慢的那种碳源(或氮源)的有关酶合成的现象。

2. 反馈抑制是指最终产物抑制作用,即在合成过程中有生物合成途径的终点产物对该途径的酶的活性调节,所引起的抑制作用。

3. 在发酵工程中,为了大量累积人们所需的某一代谢产物,常人为地打破微生物细胞内的自动代谢调节机制,使代谢朝人们所希望的方向进行,称为代谢控制。

4. 营养缺陷型是指原菌株因基因突变而导致合成途径中断,丧失了合成某种必需物质的能力,必须在培养基中加入该营养物质才能正常生长的突变型菌株。

二、填空题

1. 质量守恒定律,能量守恒定律
2. 天然培养基,合成培养基,半合成培养基
3. 菌体得率

三、选择题

1. A   2. C   3. D

四、问答题

1. 常用的提高次级代谢产物产量的方法有以下几种:
(1) 补加前体类似物。
(2) 加入诱导物。
(3) 防止碳分解代谢阻遏或抑制的发生。
(4) 防止氮代谢阻遏的发生。
(5) 筛选耐前体或前体类似物的突变株。
(6) 选育抗抗生素突变株。
(7) 筛选营养缺陷型的回复突变株。
(8) 抗毒性突变株的选育。

2. 克服分解代谢阻遏的方法包括:
(1) 避免使用有阻遏作用的碳源和氮源。
(2) 流加氮源或碳源。
(3) 利用抗分解代谢阻遏突变株。

3. 通常抗反馈抑制和抗反馈阻遏突变株是通过抗结构类似物突变的方法筛选出来的。
(1) 添加末端产物类似物的方法来筛选获得。例如,用类似物 D-精氨酸选出的谷氨酸棒杆菌的抗反馈突变株可使 L-精氨酸的产量得到提高。
(2) 从营养缺陷型的回复突变株也能获得抗反馈的突变菌株。

第三章　生物发酵的基本过程

一、名词解释

1. 分批发酵
2. 补料分批发酵
3. 连续发酵
4. 高细胞密度发酵

二、填空题

1. 发酵根据操作方式的不同，可以分为_____、_____、_____和_____。
2. 发酵的一般过程包括_____、_____、_____、_____等。
3. 种子培养方法包括_____和_____。
4. 实验室常用的有机氮源有_____和_____等，无机氮源有_____和_____等。为节约成本，工厂中常用_____等做有机氮源。

三、选择题

1. 在微生物发酵工程中利用乳酸杆菌生产乳酸的发酵属于(　　)。
   A. 好气性发酵　　B. 厌气性发酵　　C. 兼性发酵　　D. 好厌间歇发酵
2. 配料较粗，营养丰富、完全，C/N 合适，原料来源充足，质优价廉，成本低，有利于大量积累产物。这些是(　　)的一般特点。
   A. 选择培养基　　B. 保藏培养基　　C. 种子培养基　　D. 发酵培养基
3. (　　)是一类微生物维持正常生长不可缺少的，但自身不能合成的微量有机化合物。
   A. 生长因素　　B. 碳源　　C. 氮源　　D. 微量元素
4. 实践中配制微生物发酵所需要的培养基时，一般遵循"经济节约"的原则。如"以野(野生植物)代家(栽培植物)""以纤(秸秆)代糖(淀粉)""以氮(非蛋白氮)代朊(蛋白氮)""以烃代粮"等。下列表述不正确的是(　　)。
   A. "以野代家"培养微生物时，需要加入更多的生长因子
   B. "以纤代糖"能为某些微生物的生长提供碳源和能源

C. "以氮代朊"是因为铵盐、硝酸盐等是微生物常用的氮源
D. "以烃代粮"培养的微生物可以用于净化被石油污染的海域

5. 在发酵过程中,利用菌体的生长代表各种酶的总催化活力即为(　　)。
A. 代谢率　　　B. 酶活力　　　C. 生长率　　　D. 酶活率

四、问答题

1. 什么是种子扩大培养,其任务是什么?
2. 发酵培养基的特点和要求是什么?
3. 控制种子质量的途径有哪些?
4. 发酵过程的中间分析项目包括哪些?

一、名词解释

1. 分批发酵是指在发酵中,营养物和菌种一次加入进行培养,直到结束放出,中间除了空气进入和尾气排出外,与外部没有物料交换。

2. 补料分批发酵又称半连续发酵,是指在微生物分批发酵中,以某种方式向培养系统补加一定物料的培养技术。

3. 连续发酵是培养基料液连续输入发酵罐内,同时放出含有产物的相同体积的发酵液,使发酵罐内料液量维持恒定,微生物在近似恒定状态生长的发酵方式。

4. 高细胞密度发酵是指应用一定的培养技术和装置提高菌体的发酵密度,使菌体密度比普通发酵培养有显著的提高,最终提高特定产物的比生产率。

二、填空题

1. 分批发酵,补料分批发酵,连续发酵,高密度发酵
2. 菌种活化及扩大培养,培养基和发酵设备的灭菌,发酵过程及控制,下游加工和废弃物的处理
3. 斜面菌种培养,摇瓶种子培养
4. 蛋白胨,牛肉膏,硫酸铵,硝酸钠,豆饼粉

三、选择题

1. B　　2. D　　3. A　　4. A　　5. C

四、问答题

1. 种子扩大培养是指将保存在砂土管、冷冻干燥管中处于休眠状态的生产菌种接入试管斜面活化后,再经过扁瓶或摇瓶及种子罐逐级扩大培养,最终获得一定数量和质量的纯种过程。这些纯种培养物称为种子。

种子扩大培养的任务:现代的发酵工业生产规模越来越大,每只发酵罐的容积有几十立方米甚至几百立方米,要使小小的微生物在几十小时的较短时间内,完成如此巨大的发酵转化任务,那就必须具备数量巨大的微生物细胞才行。

2. (1) 发酵培养基是供菌种生长、繁殖和合成产物用的培养基。发酵培养基的特点是营养组成应丰富、完全,碳氮源要注意时效和速效的搭配,少用速效营养,多用迟效营养,还要考虑适当的碳氮比,且需要与合成产物特定的元素前体和促进剂等。

(2) 发酵培养基的要求是能使目的产物的合成速率最大,单位培养基能产生最大量的目的产物,副产物合成的量最少,质量稳定,价格低廉,易于长期获得,尽量不影响下游加工程序等。

3. 有效控制种子质量的途径有:
(1) 减少传代次数,防止菌种发生基因突变。
(2) 提供种子培养的适宜环境条件,防止杂菌污染。
(3) 菌种稳定性的检查。

4. 发酵过程的分析项目包括物理指标、化学指标和生物指标。物理指标包括温度、压力、体积和流量等。理化指标包括 pH、溶氧、溶 CO_2、氧化还原电位、气相成分分析等。化学测量项目包括基质浓度,前体浓度和产物的浓度变化等。生物生化项目包括生物量、细胞形态、酶活性、胞内成分等。

第四章 微生物发酵动力学

一、名词解释

1. 发酵动力学
2. 比生长速率
3. 生长得率
4. 氧消耗速率

二、填空题

1. 底物消耗速率与菌体细胞合成速度是平行的，这种生长类型称为_____。
2. _____和_____是Monod方程的两个重要参数。
3. 代谢产物的生成模式根据产物生成与细胞的关系可分为_____、_____、_____。

三、选择题

1. 发酵初期提高底物浓度可以延长微生物的（　　），从而提高发酵的容量产率和产物浓度。
   A. 延迟期　　　B. 指数生长期　　　C. 稳定期　　　D. 衰退期
2. 下列可以进行直接测量的参数为（　　）。
   A. 溶解氧浓度　　B. 摄氧率　　　C. 呼吸商　　　D. 比生长速率
3. Monod方程是一种（　　）。
   A. 假设状态下的描述细胞生长规律的数学模型
   B. 微生物死亡的动力学模型
   C. 培养基质消耗规律的数学模型
   D. 描述生物反应器中产物形成规律的数学模型

四、问答题

1. 研究发酵动力学的意义是什么？
2. Monod提出细胞的比生长速率与限制性基质浓度的关系方程的内容是什么？
3. 简述部分生长关联型产物合成动力学方程。
4. 简述发酵过程的优化。

一、名词解释

1. 发酵动力学是指对微生物的生长及和产物形成的描述，它研究细胞生长速率和发酵产物的生成速率以及环境条件对这些速率的影响,并建立反应速度与影响因素的关联。

2. 比生长速率是指在微生物分批培养的对数生长阶段,菌体的生长不受限制,菌体浓度随培养时间呈指数增长,菌体浓度的变化率与菌体浓度成正比,即 $dX/dt = \mu X$。μ 称为比生长速率,反映的是单位体积的菌量(干重)在单位培养时间内所收获的菌量(干重)。

3. 生长得率是指每消耗 1 g(或 1 mol)基质(一般指碳源)所产生的菌体重量(g)。

4. 氧消耗速率是指在单位时间内,单位发酵液体积内细胞消耗的氧量。

二、填空题

1. 生长关联
2. μ_{max},Ks
3. 生长偶联型,生长部分偶联型,生长非偶联型

三、选择题

1. B　　2. A　　3. A

四、问答题

1. 通过对发酵反应动力学的研究,进行最佳发酵生产工艺条件的控制。发酵过程中,菌体的浓度、基质浓度、温度、pH、溶解氧等工艺参数的控制方案,可以在这研究的基础上进行优化。设计合理的发酵过程,也必须以发酵动力学模型作为依据,利用计算机进行程序设计,模拟最合适的工艺流程和发酵工艺参数,从而使生产控制达到最优化。发酵动力学的研究还在为实验工厂化比拟放大为分批发酵过渡到连续发酵提供理论依据。

2. 细胞的比生长速率与限制性基质浓度的关系可用下式表示:$\mu = \mu_{max}S/K_s + S$。其中,S 为限制性基质浓度(g/L);K_s 为饱和常数(g/L),其值等于比生长速率为最大比生长速率一半时的限制性基质浓度。

3. $dP/dt = \alpha\mu X + \beta X$。第一阶段为菌体生长阶段,菌体生长与基质消耗成正比,无产物生成。第二阶段为产物合成阶段,产物的合成、菌体的生长和基质的消耗成正比,但菌体生长量比前一阶段要小。

4. 考虑微生物生长率和产物转化率,考虑发酵罐传递性能。
(1) 发酵罐应具有适宜的高径比,能承受一定的压力,能使气泡破碎并分散良

好,有良好的循环冷却和加热系统,内壁有一定的抛光度减少死角。

(2)搅拌器的轴封应严密,传递效率要高,有机械消泡装置,安装必要的温度、液位、pH装置。

第五章 分批发酵、补料分批发酵和高密度发酵

一、名词解释

1. 分批发酵
2. 发酵周期
3. 补料分批发酵
4. Crabtree 效应

二、填空题

1. 补料分批发酵涉及五种操作:间歇补料、_____、_____、_____和循环连续补料操作。
2. 微生物生长包含两个层次:_____和_____。
3. 发酵过程最优化的目标是_____。
4. 分批发酵整个过程可以分为 5 个阶段:_____、_____、_____、稳定期和_____。

三、选择题

1. 下述那个时期细菌群体倍增时间最快?(　　)
   A. 稳定期　　B. 衰亡期　　C. 对数期　　D. 延滞期
2. 单位底物所产生的菌体或产物量即为(　　)。
   A. 收率　　B. 生产率　　C. 产率　　D. 得率
3. 在分批培养过程中测试菌体生长规律时,(　　)是适当的操作。
   A. 保持基质浓度　　　　　　B. 稳定 pH
   C. 定期检测菌体浓度　　　　D. 及时排除产物
4. 分批发酵中以分解代谢为主的阶段属于(　　)。
   A. 产物合成阶段　　　　　　B. 菌体生长阶段
   C. 菌体自溶阶段　　　　　　D. 产物转化阶段

四、问答题

1. 介绍分批发酵、补料分批发酵和连续发酵的联系。
2. 简述补料分批发酵的适用范围。
3. 简述补料分批发酵的优点有哪些？
4. 影响高细胞密度发酵生产的因素有哪些？

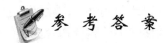

一、名词解释

1. 分批发酵是指生物反应器的间歇操作，在发酵过程中，除了不断地输入空气和加入酸、碱调节发酵液 pH 外，与外界无物料交换。

2. 发酵周期是指每批发酵反应的全过程，也是加入灭菌后培养基、接种、培养的诱导期、反应过程、放罐、洗罐、及空罐灭菌所需要的时间总和。

3. 补料分批发酵是指在动植物或微生物细胞发酵中，以某种方式向培养系统中补加一定物料的培养技术。

4. Crbtree 效应是指在酵母培养中，糖浓度过高时，即使溶解氧充足，糖也生成乙醇，从而使菌体得率下降的现象。

二、填空题

1. 连续补料，循环分批操作，循环间歇补料操作
2. 微生物细胞个体生长，胞内各化学成分同步增加
3. 以最小费用获得最大产量
4. 延迟期，指数生长期，减速期，衰亡期

三、选择题

1. C　2. D　3. C　4. B

四、问答题

1.（1）分批发酵 $F_{in} = F_{ex} = 0$。

(2) 补料分批发酵 Fin≠Fex。
(3) 连续发酵 Fin = Fex≠0。

2．(1) 高菌体浓度培养系统。

(2) 存在高浓度底物抑制的系统,通过添加底物降低抑制。

(3) 存在 Crabtree 效应的系统。

(4) 受异化代谢物阻遏的系统。

(5) 利用营养突变体的系统。

(6) 希望延长反应时间或补充损失水分的系统。

3．在这样一种系统中可以维持低的基质浓度,避免快速利用碳源的阻遏效应;可以通过补料控制达到最佳的生长和产物合成条件;还可以利用计算机控制合理的补料速率,稳定最佳生产工艺。

4．(1) 发酵培养基及培养条件:培养液与发酵液中的产物含量以及比生长速率存在直接关系,高浓度的培养基成分对高密度培养有一定的抑制作用,培养条件则与发酵过程中不同菌体的生理生化特性有关。

(2) 充足的底物:高密度培养的基础,培养过程中可以通过流加补料等方式补充菌体所耗费的营养物质。其中低浓度氨水是常用的底物之一,它不仅可以作为氮源的补给还可以调节培养液的 pH。

(3) 代谢副产物的积累:由于积累的代谢副产物可明显抑制菌体的生长,所以必须去除代谢副产物,提高比生长速率。

(4) 水溶性高分子聚合物产物的积累:对于水溶性高分子聚合物的发酵生产,如 γ-聚谷氨酸、β-聚苹果酸、ε-聚赖氨酸等,产物的积累将提高发酵液的黏度,影响发酵液的传质系数,从而降低生产率。针对此类发酵采用原位分离技术,提高发酵生产率。

第六章 连续发酵

一、名词解释

1. 连续发酵
2. 恒浊培养
3. 恒化培养

二、填空题

1. 稀释率的倒数是_____。
2. 单罐连续培养有两种类型：_____和_____。
3. 连续发酵的方式可分为_____和_____。

三、选择题

1. 以下不属于发酵过程中的生物学参数的是(　　)。
   A. DNA和RNA　　B. 酶活　　C. 还原糖　　D. 菌体浓度
2. 连续发酵培养酵母菌过程中不合理的操作是(　　)。
   A. 及时补充营养物质　　　　　B. 以青霉素杀灭细菌
   C. 以酒精浓度测定生长状况　　D. 以缓冲液控制pH在5.0～6.0之间

四、问答题

连续发酵有哪些优点？

一、名词解释

1. 连续发酵是指以相同的速度向培养系统内连续流加新鲜的培养基并同时输出发酵液，使培养系统内各状态变量恒定的培养方法。
2. 恒浊培养是指以培养器中微生物细胞的密度为监控对象，通过光电控制系统控制流入培养器的新鲜培养液的流速，同时，使培养器中的培养液以同样的流速流出，以此保持培养器中的微生物细胞密度基本恒定的连续培养方式
3. 恒化培养是指微生物在恒化器中培养，通过控制恒化器中微生物生长所必需营养物的浓度，来恒定微生物生长繁殖与代谢速度的连续培养方式。

二、填空题

1. 物料在反应器的平均停留时间
2. 恒化培养,恒浊培养

3. 开放式连续发酵系统，封闭式连续发酵系统

三、选择题

1. C　　2. C

四、问答题

与分批发酵相比，连续发酵具有以下优点：
（1）可以维持稳定的操作条件，从而使产率和产物质量保持相对稳定，对发酵设备以外的外围设备利用率高。
（2）连续发酵达到稳态后，减少设备清洗、准备和灭菌等非生产占用时间，提高发酵设备利用率。
（3）能够更有效地实现机械化、自动化，降低劳动强度，减少操作人员与病原微生物和毒性产物接触。
（4）灭菌次数少，使检测仪器的探头寿命得以延长。
（5）容易对过程进行优化，有效提高发酵产率。

第七章　微生物的现代固态发酵

一、名词解释

1. 现代固态发酵
2. 自然富集固态发酵

二、填空题

1. 许多发酵过程是纯菌株无法完成或只能微弱地进行的，必须依靠两种或多种微生物共同培养来完成，称为_____。
2. 固态生物发酵包括_____、_____、_____等形式，_____是最主要的流动介质。

三、问答题

1. 固态发酵与液态发酵的区别是什么?
2. 固态发酵微生物的基本特征是什么?

一、名词解释

1. 固体发酵也称为固体培养或固态发酵,就是指利用固体培养基进行微生物的繁殖。微生物贴附在营养基质表面生长,所以又可称为表面培养。

2. 自然富集固态发酵是指利用自然界的微生物,由不断演替的微生物进行富集混合发酵过程。

二、填空题

1. 混合发酵
2. 气-固,气-液,液-固,气相

三、问答题

1.（1）固态发酵培养基中没有游离水的流动,适宜于水活度在 0.93～0.98 的微生物生长,限制了应用范围,同时也限制了某些杂菌的生长。

（2）营养物浓度存在梯度,发酵不均匀,菌体的生长、对营养物的吸收和代谢产物的分泌存在不均匀。

（3）固态发酵中培养基提供的与气体的接触面积大,供氧充足,同时,空气通过固体层得阻力较小,能量消耗低。

（4）使用固体原料,在发酵过程中,糖化和发酵过程同时进行,简化操作工序,节约能耗。

（5）高底物浓度可以产生高的产物浓度。

（6）由于产物浓度高,提取工艺简单可控,没有大量有机废液产生,但提取物含有底物成分。

（7）生产机械化程度较低,缺乏在线传感仪器,过程控制较困难。

2. 适宜于微生物应具备以下基本特征:

(1) 能够利用多糖混合物。
(2) 有完整的酶系,可迅速从对某一种糖的代谢转化为对另一种糖的代谢。
(3) 能够深入到料层,也能穿入到基质细胞内。
(4) 在发酵过程中以菌丝形状生长,不易孢子化。
(5) 生长迅速,染菌概率小。
(6) 可以在含水量低的基质中生长。
(7) 能够耐受高浓度的营养盐。
(8) 可以耐受基质处理过程中产生的苯类等有害物质。

第八章　基因工程菌株发酵

一、名词解释

1. 基因工程
2. 高密度培养
3. 发酵-透析耦合技术
4. 反转录酶法合成胰岛素

二、填空题

1. 基因工程菌的发酵工艺中菌体的增殖和产物的表达均在_____期完成。
2. 高浓度的碳源、氮源和无机盐造成溶液的_____过高,导致细胞_____,抑制菌体生长,目的产物得率下降。
3. 基因工程菌的不稳定包括_____的不稳定和_____的不稳定两个方面。
4. AB链合成胰岛素法是以人工合成的人胰岛素A链和B链基因分别与_____基因连接,形成_____,分别在大肠杆菌中表达A链和B链,然后再通过化学氧化作用,通过_____连接起来。

三、选择题

1. 基因工程的核心技术是(　　)。
A. DNA重组技术　　　　　　　　B. DNA突变技术

C. 基因表达技术　　　　　　　D. 基因导入技术

2. 下列哪项不是限制高密度培养的主要因素？（　　）

A. 营养成分　　B. 抑制与阻遏　　C. 菌种状况　　D. 有毒代谢物

3. （　　）培养多用于动力学特性和稳定性等研究。

A. 分批　　　　B. 半连续　　　　C. 连续　　　　D. 固定化

4. 为了提取目的基因，用一大堆限制性核酸内切酶对附近基因进行剪切，再提取所需要的片段，称为（　　）。

A. PCR 扩增法　　　　　　　　B. 基因文库法

C. 人工合成法　　　　　　　　D. 鸟枪法

5. 下列哪项是目前普遍采用的合成胰岛素方法？（　　）

A. 逆转录法：表达胰岛素原，酶切得到重组人胰岛素

B. AB 链合成：分别表达 AB 链，化学方法连接

C. 以猪胰岛素为原料，酶修饰后得到人胰岛素

D. 以动物胰脏为原料提取胰岛素

四、问答题

1. 基因工程一般分为哪四个步骤？

2. 简述固定化培养及其优点。

3. 质粒不稳定的原因是什么？

4. 提高质粒稳定性的目的是为了提高克隆菌的发酵生产率，但外源基因表达水平越高，重组质粒往往越不稳定，可以采取什么措施？

一、名词解释

1. 基因工程是指在基因水平上，采用与工程设计十分类似的方法，根据人们的意愿，主要是在体外进行基因切割、拼接和重新组合，再转入生物体内，产生出人们所期望的产物，或创造出具有新的遗传特征的生物类型，并能使之稳定地遗传给后代。

2. 高密度培养一般是指微生物在液体培养中，细胞群体密度超过常规培养 10 倍以上时的生长状态或培养技术。

3. 发酵-透析耦合技术是指将发酵液用透析膜与透析液隔开，随着培养的进行，菌体形成的小分子代谢产物通过透析膜进入透析液，从而降低了在发酵液中的浓度，有利于解除产物抑制。

4. 反转录酶法合成胰岛素是指通过胰岛素原的 cDNA 合成，表达产物是胰岛素原，经工具酶切开，除去 C-肽获得人胰岛素。

二、填空题

1. 对数
2. 渗透压，脱水
3. 质粒，表达产物
4. 半乳糖苷酶，融和基因，二硫键

三、选择题

1. A   2. C   3. C   4. D   5. A

四、问答题

1. 基因工程一般分为以下四个步骤：
(1) 取得符合人们要求的 DNA 片段，这种 DNA 片段被称为"目的基因"。
(2) 将目的基因与质粒或病毒 DNA 连接成重组 DNA。
(3) 把重组 DNA 引入某种细胞。
(4) 把目的基因能表达的受体细胞挑选出来。

2. 固定化培养是通过化学或物理方法，将游离细胞或酶固定于限定的空间区域内，使其保持活性并可以反复利用。具有菌体密度高、反应速度快、发酵周期短、产物分离简单、反应过程控制容易、菌体可重复连续使用和增加发酵过程中重组质粒稳定性的优点。

3. (1) 重组质粒引入宿主后，引起宿主细胞和重组质粒之间的相互作用，在一定的环境中，其结果是重组质粒上的基因表达或不表达，重组质粒遗传稳定或不稳定。因此一个组建成的工程菌的稳定与否，取决于重组质粒本身的分子组成、宿主细胞生理和遗传性及环境条件几个方面。
(2) 就质粒本身的分子结构而言，引起工程菌不稳定常常是由于稳定区受到影响，如果质粒在重组过程中影响到这些序列的完整性，其稳定性也受到影响。
(3) 可能由于重组质粒上有重复序列，或与宿主染色体有部分同源等都会造成质粒的不稳定。

4. 可以采取两阶段培养法，即在发酵前期控制外源基因不过量表达，使重组质粒稳定地遗传；到后期通过提高质粒的拷贝数或转录、翻译效率，使外源基因高效表达。

第九章 发酵过程中氧的溶解、传递、测定及其影响因素

一、名词解释

1. 呼吸强度
2. 摄氧率 γ
3. 氧饱和度
4. 氧传递效率

二、填空题

1. 只有_____状态的氧才能被微生物利用。
2. 微生物的比耗氧速率受发酵液中氧的浓度的影响,各种微生物对发酵液中溶氧浓度有一个最低要求,即不影响呼吸所允许的最低溶氧浓度,称为_____,以 C_{cr} 表示。
3. 关于微生物耗氧速率,若产物通过_____循环获取,则耗氧量大;若产物通过_____途径获取,则耗氧量小。
4. 关于氧传递特征(发酵罐传递性能),若需氧量>供氧量,则生产能力受设备限制,需进一步提高_____能力;若需氧量<供氧量,则生产能力受微生物限制,需筛选_____菌:呼吸强,生长快,代谢旺盛。
5. $K_L a$ 称为"通气效率",可用来衡量_____的通气状况,高值表示通气条件富裕,低值表示通气条件贫乏。

三、选择题

1. 培养基中碳源种类能够影响微生物耗氧速率,下面耗氧速率最高的是(　　)。
   A. 乳糖　　　　B. 葡萄糖　　　　C. 蔗糖　　　　D. 油脂或烃类
2. 在样品中加入硫酸锰和碱性 KI 溶液,生成氢氧化锰沉淀,与溶解氧反应生成锰酸锰,再在反应液中加入 H_2SO_4,释放出游离的碘,然后用标准 $Na_2S_2O_3$ 液滴定。该溶解氧 CL 的测定方法称为(　　)。
   A. 极谱法　　　B. 化学法　　　C. 覆膜氧电极法　D. 物料衡算法
3. 通过测压计测定密闭三角瓶的压力变化速率即氧的消耗速率,根据培养液

体积计算摄氧率。该摄氧率 γ 的测定方法称为(　　)。

A. 极谱法　　　　B. 氧电极法　　　C. 瓦氏呼吸仪法　D. 物料衡算法

四、问答题

1. 阐述溶解氧控制的意义。
2. 影响氧传递的因素有哪些?
3. 阐述培养过程中细胞好氧的一般规律。

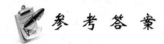

一、名词解释

1. 呼吸强度是指单位质量干菌体在单位时间内消耗氧的量。
2. 摄氧率 γ 是指单位体积培养液在单位时间内消耗氧的量。
3. 氧饱和度是指发酵液中氧的浓度与临界溶氧浓度的比值。
4. 氧传递效率是指每溶解 1 kg O_2 所消耗的电能。

二、填空题

1. 溶解
2. 临界氧浓度
3. TCA,EMP
4. 传递,高产
5. 发酵罐

三、选择题

1. D　　2. B　　3. C

四、问答题

1.（1）溶解氧浓度对细胞生长和产物合成的影响可能是不同的,所以须了解长菌阶段和代谢产物形成阶段的最适需氧量。
（2）氧传递速率已成为许多好氧性发酵产量的限制因素。

(3) 在发酵工业上氧的利用率很低,因此提高传氧效率,就能大大降低空气消耗量,从而降低设备费和动力消耗,且减少泡沫形成和染菌的机会,大大提高设备利用率。

2. (1) 设备参数:发酵罐的形状,结构(几何参数);搅拌器,空气分布器(几何参数)。

(2) 操作条件:通气,表观线速度 Ws;搅拌,转速 N,搅拌功率 PG;发酵液体积 V,液柱高度 HL。

(3) 发酵液的性质:如影响发酵液性质的表面活性剂、离子强度、菌体量等。

3. (1) 培养初期:呼吸强度(Q_{O_2})逐渐增高,细胞浓度(x)较小。

(2) 在对数生长初期:达到(Q_{O_2})$_{max}$,但此时 x 较低,摄氧率 γ 并不高。

(3) 在对数生长后期:达到 γ_{max},此时 $Q_{O_2} < (Q_{O_2})_{max}$,$x < x_{max}$。

(4) 对数生长期末:基质浓度(S)↓,氧传递效率(OTR)↓,Q_{O_2}↓,而 $\gamma \infty$(Q_{O_2},x,OTR),虽然 $x = x_{max}$,但 Q_{O_2}、OTR 占主导地位,所以 γ↓。

(5) 培养后期:S→0,Q_{O_2}↓↓,γ↓↓。

第十章　发酵控制工程

一、名词解释

1. 发酵热
2. 蒸发热
3. 临界氧浓度
4. 机械消泡
5. 发酵生产能力

二、填空题

1. 在微生物生长代谢过程中,由于生物氧化作用而释放出的热量,称为_____。

2. 通过罐体表面向环境中发射红外线而散失的热量,称为_____。

3. 在发酵过程中,发酵液的 pH 是不断变化的,pH 的变化取决于_____,_____和_____。

4. 发酵前期,溶解氧浓度明显_____;发酵中后期,对分批发酵而言,溶氧变化小;发酵后期,溶氧逐步_____。

5. 补料分批发酵可以控制_____的浓度,解除或减弱分解代谢物的_____,可以使发酵过程最佳化。

6. _____消泡是目前应用最广的一种消泡方法。

7. 微生物因养分的缺乏或处于不利的生长环境下受其自身作用开始裂解的过程,称为_____。

三、选择题

1. 多数发酵时,接种后的发酵液温度会( ),应适当控制培养温度以利于孢子萌发和菌体生长;到发酵后期,温度出现( )趋势,直至发酵成熟即可放罐。
   A. 升高,升高　　B. 下降,下降　　C. 升高,下降　　D. 下降,升高

2. 在发酵过程中,通气条件较差可适当( )温度,培养基稀薄时,适宜采用( )温度。
   A. 升高,较高　　B. 升高,较低　　C. 降低,较高　　D. 降低,较低

3. 同种微生物对 pH 变化的反映不同,石油代蜡酵母在哪种 pH 下易染菌?( )
   A. pH 3.5~5.0　　B. pH 2.5~3.5　　C. pH<2.5　　D. pH>5.0

4. ( )是某些发酵生产补料工艺的有效措施,主要起补充无机氮源和调节 pH 的作用。
   A. 通氨　　B. 通氧　　C. 通 CO_2　　D. 通 N_2

四、问答题

1. 简述温度对发酵的影响。
2. 整个发酵过程中的前期、中期和后期分别如何控制最适温度?
3. pH 对菌体生长和代谢产物形成有哪些影响?
4. 简述泡沫对发酵的危害。
5. 阐述机械消泡的优缺点。
6. 发酵过程中补料时应注意哪些问题?

参考答案

一、名词解释

1. 微生物在发酵过程中,由于生物氧化作用和机械搅拌作用等产生的热量,

称为发酵热。

2. 发酵罐通气时,引起发酵液水分的蒸发,被空气和蒸发水分带走的热量叫做蒸发热或汽化热。

3. 微生物的耗氧速率受发酵液中氧浓度的影响,各种微生物对发酵液中溶氧浓度有一个最低要求,这一溶氧浓度叫做临界氧浓度。

4. 机械消泡属于物理作用,靠机械强烈振动,压力的变化,促使气泡破裂,或借机械力将排出气体中的液体加以分离回收。

5. 发酵生产能力是指单位时间内单位罐体积发酵液的产物积累量。

二、填空题

1. 生物热
2. 辐射热
3. 微生物的种类,培养基的组成,发酵条件
4. 下降,上升
5. 抑制性底物,阻遏
6. 化学
7. 自溶

三、选择题

1. B 2. D 3. D 4. A

四、问答题

1.（1）影响产物生成速度。
（2）影响发酵液性质。
（3）影响产物种类。
① 改变体内酶系→中间产物种类→产物种类。
② 使代谢比例失调。
（4）影响产物特性。

2.（1）前期:菌量少,取稍高的温度,使菌生长迅速。
（2）中期:菌量已达到合成产物的最适量,发酵需要延长中期,从而提高产量,因此温度要稍低一些,可以推迟衰老。因为在稍低温度下氨基酸合成蛋白质和核酸的正常途径关闭得比较严密,有利于产物合成。
（3）后期:产物合成能力降低,延长发酵周期没有必要,需要提高温度,刺激产

物合成到放罐。

3.（1）导致微生物细胞原生质膜的电荷发生改变。

（2）影响酶的活性。

（3）影响培养基某些重要的营养物质和中间代谢产物的解离,进而影响该物质的利用。

（4）pH 不同,往往引起菌体代谢过程的不同,使代谢产物的质量和比例发生改变。

（5）影响氧的溶解和氧化还原电势的高低。

（6）pH 影响孢子发芽。

4.（1）降低生产能力。

（2）引起原料浪费。

（3）影响菌的呼吸。

（4）引起染菌。

5.（1）优点:不需外加其他物质,节省原料（消泡剂）,减少因加入消泡剂而引起的污染,对提取工艺无任何副作用。

（2）缺点:不如化学消泡迅速可靠,需要一定的设备,需消耗一定的动力,不能彻底消除引起稳定泡沫的因素。

6.（1）料液配比要适合:过浓会影响到消毒及料液的输送,过稀则料液体积增大,引起一系列问题,如发酵单位稀释、液面上升、加油量增加等。

（2）加强无菌控制:由于经常性添加物料易染菌。

（3）经济核算:节约粮食,并注意培养基的碳氮平衡等。

第十一章　发酵工程中的灭菌与空气除菌

一、名词解释

1. 灭菌
2. 除菌
3. 热阻
4. 相对热阻
5. 干热灭菌
6. 静电除菌

二、填空题

1. 在当前的发酵工业中,绝大多数的发酵过程属于＿＿＿＿氧的纯种发酵。
2. 发酵系统内存活的生物体只有需要培养的微生物,如果在发酵系统内除了需要培养的微生物以外,还有其他微生物存活,这种现象称为＿＿＿＿。
3. 利用高能量的电磁辐射和微粒辐射来杀灭微生物的过程,称为＿＿＿＿灭菌。
4. 介质过滤除菌按照除菌机制不同而分为＿＿＿＿和＿＿＿＿。
5. 高压蒸汽灭菌的关键问题是为热的传导提供良好条件,而其中最重要的是使＿＿＿＿从灭菌器中顺利排出。

三、选择题

1. 下列不属于湿热灭菌的是(　　)。
   A. 热空气灭菌法 B. 巴氏消毒法
   C. 煮沸消毒法 D. 常压间歇灭菌法
2. 在相同的灭菌条件下,各种微生物的灭菌速度常数 k 值是不同的,k 值愈小,表明这种微生物的热阻(　　),越(　　)。
   A. 愈大,不耐热 B. 愈大,耐热 C. 愈小,不耐热 D. 愈小,耐热
3. pH 对微生物的耐热性影响很大,pH 在(　　)范围内微生物最耐热。
   A. <4.0 B. 4.0~6.0 C. 6.0~8.0 D. >8.0
4. 下面哪项不是培养基分批灭菌采取的步骤?(　　)
   A. 加热 B. 保温 C. 冷却降温 D. 排水

四、问答题

1. 在工业发酵中,发生杂菌污染会产生哪些危害?
2. 为防止发酵过程染菌,可以采取哪些措施?
3. 简述高温湿热灭菌原理和优点。
4. 工业生产中采用高温快速灭菌的依据是什么?
5. 简述介质过滤除菌中的绝对过滤和深层过滤的原理。

参考答案

一、名词解释

1. 灭菌是指利用物理或化学的方法杀灭或去除物料或设备中所有的有生命的有机体的技术或工艺过程。
2. 除菌是指用过滤方法除去空气或液体中所有的微生物及其孢子。
3. 热阻是指微生物在某一种特定条件下(主要指温度和加热方式)的致死时间。
4. 相对热阻是指某一微生物在某一条件下的致死时间与另一微生物在相同条件下的致死时间之比。
5. 干热灭菌是指在干燥高温条件下,微生物细胞内的各种与温度有关的氧化反应速度迅速增加,使微生物的致死率迅速增高的过程。
6. 静电除菌是利用静电引力来吸附带电粒子而达到除尘灭菌的目的。

二、填空题

1. 需
2. 染菌
3. 辐射
4. 绝对过滤,深层过滤
5. 冷空气

三、选择题

1. A　　2. B　　3. C　　4. D

四、问答题

1.(1) 营养物质和产物会被杂菌消耗而损失。
(2) 杂菌产生的毒性物质和某些酶类会抑制生产菌株的生长。
(3) 杂菌的代谢产物改变发酵液的某些理化性质(如溶解氧、黏度、pH),抑制产物的生物合成。
(4) 污染的杂菌和产生的某些酶类会分解或破坏已经合成的产物。
(5) 使产物提取变得困难,造成产率降低或使产品外观及内在质量下降。

(6) 发生噬菌体污染,微生物细胞被裂解而使生产失败。

2．(1) 发酵设备、空气过滤器、附属设备、管路、阀门应严格密闭,整个系统要维持高于环境的压力,使用前应经过彻底灭菌。

(2) 培养基和培养过程中加入的物料应经过彻底灭菌。

(3) 通入罐内的空气应经彻底除菌处理。

(4) 使用无污染的种子。

3．(1) 原理:利用蒸汽具有强大的穿透力,冷凝时释放大量潜热,使微生物细胞中的原生质胶体和酶蛋白变性凝固,核酸分子的氢键破坏,酶失去活性,于是微生物因代谢发生障碍而在短时间内死亡。

(2) 优点:蒸汽来源方便,操作简单,价格低廉,本身无毒;蒸汽有强的穿透力(能杀死耐热的芽孢杆菌)和很大的潜热,灭菌效果可靠。

4．(1) 在灭菌过程中,当温度升高时,微生物死亡速度和培养基营养成分破坏速度都在增加,但微生物死亡的速度增加值超过培养基营养成分破坏的速度增加值。

(2) 采用高温快速灭菌方法,既可杀死培养基中的全部有生命的有机体,又可减少营养成分的破坏。

5．(1) 绝对过滤介质间的空隙小于颗粒直径,是靠表面拦截作用除去菌体。

(2) 深层过滤介质间的空隙远大于颗粒直径,是靠微生物微粒与滤层纤维间产生惯性冲击、拦截、扩散、重力沉降及静电吸附等作用,将其中的尘埃和微生物截留、捕集在介质层内,达到过滤除菌体目的。

第十二章　发酵工程设备

一、填空题

1．常用的通风发酵罐的类型包括＿＿＿＿、＿＿＿＿、＿＿＿＿、伍式发酵罐和文氏管发酵罐。

2．发酵罐的罐体由圆柱体及椭圆形或碟形封头焊接而成,材料一般为不锈钢,大型发酵罐罐顶和罐身采用焊接,小型发酵罐采用＿＿＿＿连接。

3．发酵罐中搅拌器的作用是＿＿＿＿,使空气与溶液均匀接触,使氧溶解于发酵液中。

4．发酵罐中挡板的作用是改变液流的方向,由＿＿＿＿改为＿＿＿＿,促使液体剧烈翻动,增加溶解氧。

5．发酵罐中＿＿＿＿的作用是使罐顶或罐底与轴之间的缝隙加以密封,防止泄漏和污染杂菌。

6. _____式发酵罐是一种不需要空气压缩机,而在搅拌过程中自动吸入空气的发酵罐。这种设备的耗电量小,能保证发酵所需的空气,并能使气液分离细小,均匀地接触,吸入空气中 70%～80%的氧被利用。

7. 气升式发酵罐的结构及原理分为_____循环和_____循环两种。

二、问答题

1. 阐述发酵罐常用的三种换热装置。
2. 简述气升式发酵罐的工作原理。
3. 简述伍式发酵罐原理。
4. 简述通用式发酵罐设计的基本原则。
5. 简述机械搅拌发酵罐三个主要组成部分及其作用。
6. 简述圆筒体锥底发酵罐发酵的优缺点。

参 考 答 案

一、填空题

1. 机械搅拌通风发酵罐,气升式发酵罐,自吸式发酵罐
2. 法兰
3. 打碎气泡
4. 径向流,轴向流
5. 轴封
6. 自吸
7. 内,外

二、问答题

1.（1）夹套式换热装置。

这种装置多应用于容积较小的发酵罐、种子罐,夹套的高度比静止液面高度稍高即可,无须进行冷却面积的设计。优点是:结构简单,加工容易,罐内无冷却设备,死角少,容易进行清洁灭菌工作,有利于发酵。缺点是:传热壁较厚,冷却水流速低,发酵时降温效果差。

（2）竖式蛇管换热装置。

竖式的蛇管分组安装于发酵罐内,有四组、六组或八组不等,根据管的直径大小而定,容积 5 m³ 以上的发酵罐多用这种换热装置。① 优点:冷却水在管内的流速大;传热系数高。适用于冷却用水温度较低的地区,水的用量较少。② 缺点:气温高的地区,冷却用水温度较高,发酵时降温困难,发酵温度经常超过 40 ℃,影响发酵产率,因此应采用冷冻盐水或冷冻水冷却,这样就增加了设备投资及生产成本。此外,弯曲位置比较容易蚀穿。

(3) 竖式列管(排管)换热装置。

这种装置是以列管形式分组对称装于发酵罐内。① 优点:加工方便,适用于气温较高,水源充足的地区。② 缺点:传热系数较蛇管低,用水量较大。

2. 气升式发酵罐把无菌空气通过喷嘴或喷孔喷射进发酵液中,通过气液混合物的湍流作用而使空气泡分割细碎,同时由于形成的气液混合物密度降低故向上运动,而气含率小的发酵液密度大则下沉,形成循环流动,实现混合与溶氧传质。

3. 伍式发酵罐搅拌时液体沿着套筒外向上升至液面,然后由套筒内返回罐底,搅拌器是用六根弯曲的空气管子焊于圆盘上,兼作空气分配器。空气由空心轴导入经过搅拌器的空心管吹出,与被搅拌器甩出的液体相混合,发酵液在套筒外侧上升,由套筒内部下降,形成循环。

4. (1) 适宜的高径比。
(2) 承压水压试验压力≥工作压力的 1.5 倍。
(3) 搅拌通气能够满足生长代谢的需要。
(4) 良好的冷却和加热系统。
(5) 抛光,减少死角,防止杂菌污染。
(6) 轴封严密。
(7) 传递效率高,能耗低。
(8) 机械消泡装置,放料、清洗、维修简单。
(9) 便于安装传感器和控制装置。

5. 机械搅拌发酵罐主要由搅拌装置、轴封和罐体三部分组成,各起到如下的作用:
(1) 搅拌装置:由传动装置、搅拌轴、搅拌器组成,由电动机和皮带传动驱动搅拌轴使搅拌器按照一定的转速旋转,以实现搅拌的目的。
(2) 轴封:为搅拌罐和搅拌轴之间的动密封,以封住罐内的流体不致泄漏。
(3) 罐体:罐体、加热装置及附件,是盛放反应物料和提供传热量的部件。

6. (1) 优点:加速发酵;厂房投资节省;冷耗节省;可依赖 CIP 自动程序清洗消毒,工艺卫生更易得到保证。
(2) 缺点:由于罐体比较高,酵母沉降层厚度大,酵母泥使用代数一般比传统低(只能使用 5~6 代);贮酒时,澄清比较困难(特别在使用非凝聚性酵母),过滤必须强化。

若采用单酿发酵,罐壁温度和罐中心温度一致,一般要 5~7 天以上,短期贮酒不能保证温度一致。

第十三章 动植物细胞的发酵工程

一、名词解释

1. 动植物细胞培养
2. 细胞系
3. 细胞株
4. 转化细胞
5. 动物细胞固定化培养

二、填空题

1. 根据动物细胞在体外培养时对生长基质的依赖性差异,动物细胞可以分为两类:_____ 和 _____。
2. 制备固定化动物细胞包括这些方法:_____、_____、_____、_____ 和 _____。
3. 由于 _____ 生物反应器具有无剪切和高传质的优点,因此细胞培养的密度和产物浓度都可以达到比较高的水平。
4. 植物细胞培养主要包括 _____ 培养和 _____ 培养。

三、选择题

1. 下列哪种细胞对流体剪切力最敏感?(　　)
 A. 细菌　　　　B. 酵母菌　　　　C. 动物细胞　　　　D. 植物细胞
2. 下列哪项不属于动物细胞大规模培养技术?(　　)
 A. 无血清培养技术　　　　　　　B. 微载体培养技术
 C. 灌注培养技术　　　　　　　　D. 组织培养技术
3. 动物细胞发酵中应用最多的是(　　)。
 A. 中国仓鼠卵巢细胞系　　　　　B. 仓鼠幼肾细胞系
 C. 非洲绿猴肾细胞　　　　　　　D. 鼠乳腺肿瘤细胞
4. 下列哪项不属于无血清培养技术的核心技术?(　　)

A. 无血清培养基的筛选　　　　　B. 工程细胞株的构建与驯化技术
C. 细胞生物反应器技术　　　　　D. 细胞检测技术

四、问答题

1. 简述植物细胞大规模培养的两个目的。
2. 简述灌注培养及其与连续培养异同点。

一、名词解释

1. 动植物细胞培养是指动植物细胞在体外条件下进行培养和繁殖的过程。
2. 将从有机体得到的细胞在体外进行第一次培养称为原代培养,如果对原代培养物进行传代培养,此时的培养物就是细胞系。
3. 通过选择或克隆化培养,从原代培养物或细胞系中获得的具有特殊遗传、生化性质或特异标记的细胞群称为细胞株。
4. 正常的原代培养物进行传代形成的继代培养物,在一定代数范围内都是正常细胞,称为转化细胞。
5. 将动物细胞与水不溶性载体结合,制备固定化的动物细胞,利用固定化动物细胞培养进行发酵产物积累的过程称为固定化培养。

二、填空题

1. 锚地依赖性细胞,非锚地依赖性细胞
2. 吸附法,共价贴附法,离子/共价交联法,包埋法,微囊法
3. 中空纤维
4. 愈伤组织,植物细胞的悬浮

三、选择题

1. C　　2. D　　3. A　　4. D

四、问答题

1. (1) 生产植物次生代谢产物,这是目前植物细胞大规模培养应用最多的

领域。

(2) 生产重组蛋白。

2.(1) 灌注培养是指将细胞接种后进行培养,一方面新鲜培养基不断加入反应器,另一方面又将反应液连续不断地取出,但细胞留在反应器内,使细胞处于一种不断的营养状态中。

(2) 灌注培养与连续培养的培养液都是以一定的速度流入反应器中同时又以相同的速度从反应器中流出,但是它们之间存在根本区别。即连续培养时细胞随培养液一起从反应器内流出,而灌注培养时细胞则被截留在反应器内而不随培养液一起流出。

参 考 文 献

[1] 陈坚,堵国成,刘龙,等.发酵工程实验技术[M].北京:化学工业出版社,2013.
[2] 诸葛斌,诸葛健,等.现代发酵微生物实验技术[M].北京:化学工业出版社,2011.
[3] 药立波,韩骅,焦炳华,等.医学分子生物学实验技术[M].3版.北京:人民卫生出版社,2014.
[4] 厉朝龙,陈枢青,刘子贻,等.生物化学与分子生物学实验技术[M].杭州:浙江大学出版社,2014.
[5] 常景玲,华承伟,孙婕,等.生物工程实验技术[M].北京:科学出版社,2012.
[6] 柯德森,等.生物工程下游技术实验手册[M].北京:科学出版社,2016.
[7] 沈珺珺,曾柏全,黎继烈,等.生物工程技术基础实验教学改革的探索[J].中南林业科技大学学报(社会科学版),2010,4(4):146-147.
[8] 郭学平.微生物发酵法生产透明质酸[J].精细与专用化学品,2002,10(3):21-22.
[9] 于立坚,马晓明,姚养正,等.从正常人血清中同时分离、纯化 IgA 和 IgG[J].陕西医学杂志,1979(1):47-49.
[10] 胡志明,李金龙,惠宏襄.生物工程下游技术综合性实验[J].实验室研究与探索,2013(6):312-314.
[11] 宋存江,方柏山,刘建忠,等.发酵工程原理与技术[M].北京:高等教育出版社,2014.